中等职业教育电子类专业系列教材

电子测量技术与仪器辅导与练习

（第二版）

DIANZI CELIANG JISHU YU YIQI
FUDAO YU LIANXI

主　编　杨清德　吴　雄　卢　娜

副主编　谭定轩　李　杰　吕盛成

编　者　杨　敏　冯华英　唐万春

　　　　谭云峰　张秀坚　陈洪宽

AV2495 型光功率计

重庆大学出版社

内容提要

本书是中等职业教育电类专业核心课程《电子测量技术与仪器》的配套教学用书,结合近几年职教高考考试大纲的要求编写而成。本书从学习目标、知识要点、解题示例、课堂练习、自我检测和模拟考试等6个方面给学生提供学习辅导与练习。

本书可供中等职业教育电子技术类、电气技术类专业的一、二年级学生使用,也可作为高三年级学生参加高考升学考试复习用书,还可作为电类专业人员参加职业技能鉴定考试的教学辅导用书。

图书在版编目(CIP)数据

电子测量技术与仪器辅导与练习/杨清德,吴雄,
卢娜主编. -- 2 版. -- 重庆:重庆大学出版社,2022.8(2024.1重印)
中等职业教育电子类专业系列教材
ISBN 978-7-5624-9286-3

Ⅰ.①电… Ⅱ.①杨… ②吴… ③卢… Ⅲ.①电子测
量—中等专业学校—教学参考资料②电子测量设备—中等
专业学校—教学参考资料 Ⅳ.①TM93

中国版本图书馆 CIP 数据核字(2022)第 133823 号

中等职业教育电子类专业系列教材
电子测量技术与仪器辅导与练习
(第二版)

主　编 杨清德　吴　雄　卢　娜
副主编 谭定轩　李　杰　吕盛成
责任编辑:陈一柳　　版式设计:陈一柳
责任校对:刘志刚　　责任印制:赵　晟

*

重庆大学出版社出版发行
出版人:陈晓阳
社址:重庆市沙坪坝区大学城西路 21 号
邮编:401331
电话:(023) 88617190　88617185(中小学)
传真:(023) 88617186　88617166
网址:http://www.cqup.com.cn
邮箱:fxk@ cqup.com.cn(营销中心)
全国新华书店经销
重庆市正前方彩色印刷有限公司印刷

*

开本:787mm×1092mm　1/16　印张:10　字数:239 千
2015 年 8 月第 1 版　2022 年 8 月第 2 版　2024 年 1 月第 9 次印刷
ISBN 978-7-5624-9286-3　定价:28.00 元

再版前言

中等职业教育是职业教育的起点而不是终点,已从单纯的"以就业为导向"转变为"就业与升学并重"的多元化发展。抓好符合职业教育特点的升学教育,在保障学生技术技能培养质量的基础上,加强文化基础教育,打开中职学生的成长空间,让更多中职学生走进高校殿堂,在学习的道路上越走越远、越走越稳。职教高考的重要性不言而喻,学生们都很重视这一次考试。高考之前的每一次努力,在高考之后就有改变命运的更多可能性。

第一版的《电子测量技术与仪器辅导与练习》(以下简称《辅导与练习》)已陪同学们走过了 7 年时光,也见证了职业教育日新月异的发展历程。为适应职教高考新常态的要求,对原书内容进行全面修订后的新版书具有以下特点:

1.内容同步教材考纲

对教材内容和考试大纲的动向做了前瞻性预测,内容深度、广度做了适度拓展,确保使用效果长效性。既适合学生第一次学习时作为课堂练习使用,又适合学生高考复习时使用。

2.例题典型解析全面

通过典型例题帮助学生提高解题能力,不但阐述了解题的过程,突出了解题的思路、方法和技巧,并对学生易出错处加以点评,很适合学生自学的需要。

3.习题组合量大面广

选择了大量适合中职生的练习题,难易适度,供学生练习、巩固和提高。强调习题的基础性和针对性,还适当选择了一些具有相当难度的高考原题,进一步提高学生的解题能力。所有习题均附有答案,有需要的读者请在重庆大学出版社网站下载。

本书是《电子测量技术与仪器辅导与练习(第 2 版)》,由杨清德、吴雄、卢娜担任主编,谭定轩、李杰、吕盛成担任副主编,参加本书修订工作的还有杨敏、冯华英、唐万春、谭云峰、张秀坚、陈洪宽等老师。

本书题材选取围绕课程的重点、难点和考点,详实、系统且全面,适合于电子与信息技术专业、电气技术专业学生使用。

　　本书在编写过程中,得到重庆市教育科学研究院职业教育与成人教育研究所、重庆大学出版社、重庆市中等职业教育加工制造电子专业大类中心教研组以及各参编教师所在学校等单位领导的大力支持,在此一并表示感谢!

　　由于编者水平有限,加之时间仓促,书中难免存在不当之处,恳请读者批评指正,意见请发杨清德邮箱 370169719@ qq.com,以便进一步改进。

编　者

2022 年 4 月

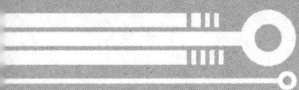

Contents 目录

项目一　走进电子测量世界

学习目标

(1)了解电子测量的基本概念、内容、特点、方法和分类;

(2)理解计量的基本概念,误差的表示方法,测量误差的来源,误差分类;

(3)掌握测量数据的处理;

(4)了解电子仪器仪表的作用。

知识要点

1.电子测量的基本概念

(1)测量

测量是人们为了获取被测量对象的数量概念而进行的实验过程。测量结果的量值由数值和相应的单位名称组成,即

$$测量结果=数值+相应的单位$$

注意:无单位的量值无意义。

(2)电子测量

电子测量是指以电子技术(模拟或数字)为理论依据,以电子测量仪器和设备为手段,以电量或非电量为对象所进行的测量。

2.电量和非电量的相关术语

(1)电学术语

电学术语主要有:电流、电功、毫安时、电容、电流密度、电压、电动势、用电量、电阻、电感等。

(2)物理术语

物理术语主要有:电荷、功率、千瓦时、负荷、电抗、原电池等。

(3)能源术语

能源术语有:电能、发电量、有功功率、无功功率、谐波、电能质量等。

3.电子测量的内容

电子测量的内容包括:

①元器件参数的测量,如电阻器的阻值、电容器的容量等。

②基本量的测量,如电压、电流、功率和电场强度等。

③电信号特性的测量,如电信号的波形、幅度、相位等。

④电路性能指标测量,如灵敏度、增益、带宽、信噪比等。

⑤特性曲线的显示,如频率特性、器件特性等。

注意:电子测量的基本量有电压、频率、相位、阻抗等,其他的量均为派生量。

4.电子测量的特点

电子测量的特点有:

①测量频率范围宽;

②测量量程宽;

③测量准确度高;

④测量速度快;

⑤可以进行遥测;

⑥可以实现测试智能化和测试自动化。

5.电子测量的种类及方法

(1)电子测量的种类

```
          ┌直接测量          直接读取测量结果
按        │
测   ┌非直接测量┌间接测量
量   │      │      通过计算得到测量结果
手   │      └组合测量
段   │
分   └零示法          通过比较差值得到测量结果
```

```
按   ┌时域测量,如电压、电流等
测   │
量   │频域测量,如电路增益、相移等
对   │
象   │数据域测量,如数据逻辑量的测量等
性   │
质   └随机测量,如噪声、干扰等
分
```

(2)电子测量的常用方法

选用什么电子测量方法是测量工程中至关重要的一步,常用的电子测量方法见下表。

序号	方 法	定 义	应用实例	优 点	缺 点
1	直接测量法	直接从仪器仪表的刻度线上读出或在显示器上显示出测量结果的方法	电流表测电流、电压表测电压等	操作简便、读数迅速	由于仪表接入被测电路后,会使电路的工作状态发生变化,因而这种测量方法准确度较低

续表

序号	方法	定　义	应用实例	优　点	缺　点
2	间接测量法	用直接测量的量与被测量之间的函数关系(公式、曲线、表格)得到被测量的值的测量方式	用伏安法测量电阻,用电压表测三极管集电极电流	适用于一些用直接测量法不方便、准确度要求不高的特殊场合,便于估算	测量误差比较大
3	组合测量法	在被测量与多个未知量相关时,可通过改变测量条件进行多次测量,根据被测量与未知量之间的函数关系,建立方程组,求出有关未知量的数值,这种方法称为组合测量或联立测量	传感器参数的测量,空调系统性能的测量	准确度和灵敏度都比较高,用于科学实验或特殊场合等对测量精度有较高要求的应用中	操作麻烦,设备复杂

6.测量误差的有关概念

(1)测量误差的定义

在测量过程中,由于受到测量仪表、测量方法、试验条件、外界环境以及观测经验等方面因素的影响,造成测量结果与被测量的实际值之间存在一定的差异,这种差异称为测量误差,简称误差。

误差是绝对的,一般不能准确知道,难以定量,它是以真值或约定真值为中心的值。

(2)与测量有关的几个重要概念

①真值(A_0):是指表征某量在一定的时间和空间环境条件下,被测量本身所具有的真实数值(实际中不可知)。

②实际值(A):是指用高一级或数级的标准仪器或计量器具所测得的数值,也称为约定真值(实际应用中可代替真值)。

例:微安电流表相比毫安电流表就是高一级测量仪器。

③示值(X):是指仪器测得的指示值(操作者从仪器刻度盘、显示器等读数装置上直接读来的数字)。

例:用一电流表测量某电流值,量程选择 10 mA 挡。刻度盘指示其读数为8,则示值为 8 mA。

④修正值(C):是指与绝对误差大小相等,符号相反的量值。

$$C = A - X = -\Delta X$$

注意:修正值不能确切地反应测量的准确度。

⑤标称值:被测量上标示的数值。例如,电阻器的色环标示其阻值。

7.测量误差的表示方法

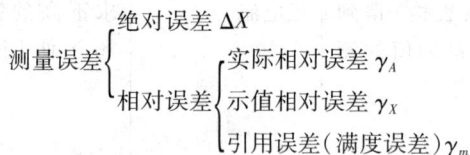

$$测量误差 \begin{cases} 绝对误差 \Delta X \\ 相对误差 \begin{cases} 实际相对误差 \gamma_A \\ 示值相对误差 \gamma_X \\ 引用误差(满度误差) \gamma_m \end{cases} \end{cases}$$

(1)绝对误差

绝对误差又称为真误差,用 ΔX 表示。

$$\Delta X = 测量值(X) - 真值(A_0)$$

式中的真值 A_0 是一个理想值,无法得到,实际应用中通常用实际值 A 来代替真值 A_0。实际值也称为约定真值。即

$$\Delta X = 测量值(X) - 真值(A_0)$$

注意:绝对误差既有大小,又有符号和量纲。

(2)相对误差

相对误差可以更准确地说明测量的准确度。相对误差有 3 种表示方法:实际相对误差(γ_A)、示值相对误差(γ_X)、满度相对误差(γ_m)。

电工仪表就是按引用误差 γ_m 的值进行分级的。我国电工仪表共分 7 级:0.1,0.2,0.5,1.0,1.5,2.5 及 5.0。

电工仪表的准确度通常标示在仪表刻度标尺或铭牌上。仪表准确度习惯上称为精度,准确度等级习惯上称为精度等级。如果某仪表为 5.0 级,则说明该仪表的最大引用误差不超过±5%。

我们在使用这类仪表测量时,应选择适当的量程,使示值尽可能接近于满度值。即所选挡位能使指针偏转在不小于满度值 2/3 的区域,就为适当的量程。

8.测量误差的分类

从测量误差产生的原因及特征角度看,误差分为系统误差、随机误差和粗大误差 3 类,如下图所示。

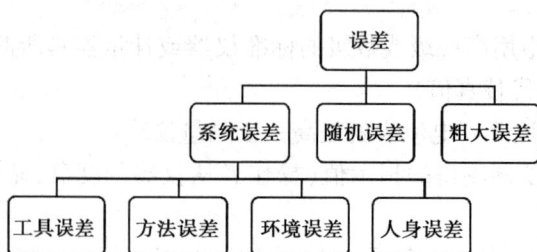

9.测量结果的数据处理

测量结果的数据处理就是从测量值的原始数据中求出被测量的最佳估计值,并对结果作出科学的评价。

（1）有效数字

有效数字是指在测量数值中,从最左边第一位不是零的数字起,直到末位含有误差的那位存疑数为止的所有各位数字。使用指针式仪表测量时,测量结果的最后一位数常常是估计读出的数值,通常与实际数值有差别,属于含有误差的近似数,我们把这一个数称为存疑数。

有效位数的正确判定法:在纯小数中,小数点前及小数点后到有关数字前的"0"只起定位作用而非为有效数字。

例如:某测量结果是 0.103 0 A,则

表示含有误差:<0.000 1÷2=0.000 05 A;

有效数字位:1、0、3、0（最左端的 0 非有效数字）;

用 mA 单位表示:103.0 mA;而不是 103 mA,末位的 0 不能去掉。

又如"0.001 00"的有效位数则为 3,其中小数点后数字 1 之前的 3 个"0"均起定位作用,而 1 后面的两个"0"仍为有效数字。

（2）数据舍入规则——四舍六入五凑偶。

数据舍入规则又称为数据修约规则。在数据处理中,当有效数字的位数确定后,超出有效数字位数的数要进行修约处理,具体按下面的舍入规则进行处理。

如果需要保留有效数字的位数为 n 位,则它后面的数字（$n+1$ 位）就要进行修约。

①若大于 5,末位（n 位）进 1。

②若小于 5,末位不变。

③恰为 5,则末位为奇数时进 1,末位为偶数（包括 0）时不变。

④5 后还有数（0 除外）进 1。

例如:12.465 0 与 10.555 1,若保留两位小数时,12.465 0 应修约为 12.46,而 10.555 1 则应修约为 10.56。两个数的拟舍弃数字虽然都是 5,但前者的 5 后为 0,当应舍弃;后者的 5 后非 0,且 5 前的相邻数字为奇数,所以应进一,则修约为 10.56。

提示:运用数据舍入规则时应注意以下几点。

①必须首先按照有关规则或运算要求确定"保留位数",然后按要求保留的位数进行一次修约,绝不可以连续修约。如将 3.454 6 修约为整数时,应一次修约为"3",不能连续修约为:3.454 6→3.455→3.46→3.5→4。

②负数修约时可按上述规则及要求保留位数的绝对值数字修约,修约后再加上负号即可。

③对单位换算后的数值或范围数值进行修约时,应遵循"极大值只舍不入,极小值只入不舍"及准确值乘以换算系数后的数值仍为准确值等基本原则。

10.认识实训室

认识实训室的内容包括:

①认识通用实训台的主要功能、技术指标及使用说明。

②认识实训室安全操作规程。

③掌握 5S 管理(整理、整顿、清扫、清洁、素养)的要点。

11.常用测量仪器仪表

电工测量的对象主要是电流、电压、电功率、电能、相位、频率、功率因数、电阻等。测量各种电量(包括磁量)的仪器仪表,统称为电工测量仪器。电工测量仪器的种类很多,其中最常用的是测量基本电量的仪表。常用电子仪器仪表的种类见下表。

序号	种　类	仪器仪表举例
1	电压测量仪器	各种模拟式电压表、毫伏表、数字式电压表等
2	频率、时间、相位测量仪器	电子计数式频率计、石英钟、数字式相位计等
3	电路参数测量仪器	电桥,Q 表,RLC 测试仪,晶体管或集成电路参数测试仪、图示仪等
4	测试用信号源	各类低频和高频信号发生器、脉冲信号发生器、函数发生器等
5	信号分析仪器	失真度仪、频谱分析仪等
6	波形测量仪器	通用示波器、多踪示波器、多扫描示波器、取样示波器等

解题示例

1.解题方法指导

①记住基本概念,是解决问题的根本。将抽象概念与实例、相关学科相结合,通过对比、归类可加深对概念的理解和掌握。

②对有效数字的理解要注意以下几点:

a.前面的 0 不能算,后面的 0 是有效数字。

b.对后面带 0 的大数目数字和纯小数中小数点后有多个 0 的数,一般用科学记数法解决。

c.有效数字的位数与测量误差的关系在有绝对误差时,有效数字的末位应与绝对误差对齐。

③对绝对误差、实际相对误差、示值相对误差、引用误差公式的理解和应用要注意:

a.在计算实际相对误差、示值相对误差、引用误差,确定仪表准确度等级时都要用到绝对误差,我们可以根据绝对误差的定义“$\Delta X = $测量值($X$)$-$真值($X_0$)”求得,也可用:“$\Delta X = $仪表准确度等级$/100X$”求得。

b.熟记仪表准确度等级与最大引用误差的对应值见下表。

准确度等级	0.1	0.2	0.5	1.0	1.5	2.5	5.0
最大引用误差	±0.1%	±0.2%	±0.5%	±1.0%	±1.5%	±2.5%	±5.0%

④应用舍入规则时应注意：

a.必须首先按照有关规则或运算要求确定"保留位数"，然后对要求保留的位数一次修约，绝不可以连续修约。如将4.454 5修约为整数时，应一次修约为"4"，不能连续修约为4.454 5。

b.负数修约时可按上述规则及要求保留位数的绝对值数字修约，修约后再加上负号即可。

c.对单位换算后的数值或范围数值修约时，应遵循"极大值只舍不入，极小值只入不舍"及准确值乘以换乘系数后的数仍为准确值等基本原则。

2.典型例题

例1　检测一块准确度为1.5级，最大量程为100 mA的电流表，发现在50 mA处的误差最大，为1.4 mA，其他刻度处的误差均小于1.4 mA，问这块电流表是否合格？

解：

$$\gamma_m = \frac{\Delta X_m}{X_m} \times 100\% = \frac{1.4 \text{ mA}}{100 \text{ mA}} \times 100\% = 1.4\%(\leqslant |\pm 1.5\%|)$$

所以，该电流表合格。

例2　检测一只2.5级电流表3 mA量程的满度相对误差，现有下列几只标准电流表，问选用哪只最适合？为什么？

①0.5级10 mA量程；　　　　　　　②0.2级10 mA量程；

③0.2级15 mA量程；　　　　　　　④0.1级100 mA量程。

解：$\Delta X = 2.5\% \times 3 \text{ mA} = 0.075 \text{ mA}$

①$\Delta X_1 = 0.5\% \times 10 \text{ mA} = 0.05 \text{ mA}$

②$\Delta X_2 = 0.2\% \times 10 \text{ mA} = 0.02 \text{ mA}$

③$\Delta X_3 = 0.2\% \times 15 \text{ mA} = 0.03 \text{ mA}$

④$\Delta X_4 = 0.1\% \times 100 \text{ mA} = 0.1 \text{ mA}$

由以上结果可知①②③都可以用来作为标准表，而④的绝对误差太大。其中①②量程相同，而③的量程比①②大，在绝对误差满足要求的情况下，应尽量选择量程接近被检定表量程，但②准确度级别高，所以最适合用作标准表的是0.2级10 mA量程的。

例3　某待测电流约为100 mA，现有0.5级量程为400 mA和1.5级量程为100 mA的两个电流表，问用哪一个电流表测量较好？

解：用400 mA，0.5级电流表，可求得测量的最大误差和相对误差为：

$$\Delta X_1 = \pm 0.5\% \times 400 \text{ mA} = \pm 2 \text{ mA}$$

$$\gamma_{A1} = \frac{\Delta X}{X_1} \times 100\% = \frac{\pm 2 \text{ mA}}{100 \text{ mA}} \times 100\% = \pm 2\%$$

用100 mA、1.5级电流表，可求得测量的最大误差和相对误差为：

$$\Delta X_2 = \pm 1.5\% \times 100 \text{ mA} = \pm 1.5 \text{ mA}$$

$$\gamma_{A2} = \frac{\Delta X}{X_2} \times 100\% = \frac{\pm 1.5 \text{ mA}}{100 \text{ mA}} \times 100\% = \pm 1.5\%$$

可见,为了提高测量结果的准确性,应选 1.5 级 100 mA 电流表。

例 4　某 1.0 级电压表,满度值 $X_m = 150$ V,求测量值分别为 $X_1 = 50$ V,$X_2 = 100$ V,$X_3 = 150$ V 时的绝对误差和示值相对误差。

解:绝对误差:

$$\Delta X = \pm S\% \times X_m = \pm 1.0\% \times 150 \text{ V} = \pm 1.5 \text{ V}$$

测得值分别为 50 V、100 V、150 V 时的示值相对误差各不相同,其相对误差分别为:

$$\gamma_{X1} = \frac{\Delta X}{X_1} \times 100\% = \frac{\pm 1.5 \text{ V}}{50 \text{ V}} \times 100\% = \pm 3\%$$

$$\gamma_{X2} = \frac{\Delta X}{X_2} \times 100\% = \frac{\pm 1.5 \text{ V}}{100 \text{ V}} \times 100\% = \pm 1.5\%$$

$$\gamma_{X3} = \frac{\Delta X}{X_3} \times 100\% = \frac{\pm 1.5 \text{ V}}{150 \text{ V}} \times 100\% = \pm 1.0\%$$

例 5　将下列数据舍入保留三位有效数字。

16.43　　16.46　　16.35　　16.45　　16.450 1　　38 050

解:16.43 → 16.4　　(0.03 < 0.1/2 = 0.05,舍去)

　　16.46 → 16.5　　(0.06 > 0.1/2 = 0.05,舍去且往前位增 1)

　　16.35 → 16.4　　(0.05 = 0.1/2,3 为奇数,舍去且往前位增 1)

　　16.45 → 16.4　　(0.05 = 0.1/2,4 为偶数,舍去)

　　16.450 1 → 16.5　　(0.050 1 > 0.1/2 = 0.05,舍去且往前位增 1)

　　38 050 → 3.80×10^4　　(50 = 100/2,0 为偶数,舍去)

例 6　对下列测量结果按照要求取有效数字。

①对 3 345.141 50 分别取七位、六位、四位、二位有效数字。

②对 195.105 01 分别取五位、二位有效数字。

③对 28.125 0 取二位有效数字。

解:①3 345.141 50 取七位有效数字为 3 345.142

　　　　　　取六位有效数字为 3 345.14

　　　　　　取四位有效数字为 3 345

　　　　　　取二位有效数字为 3.3×10^3

　　②195.105 01 取五位有效数字为 195.11

　　　　　　取二位有效数字为 2.0×10^2

　　③28.125 0 取二位有效数字为 28

例 7　测量误差有哪些表示方法? 测量误差有哪些来源?

答:测量误差的表示方法有:绝对误差和相对误差两种。

测量误差的来源主要有:①仪器误差;②方法误差;③理论误差;④影响误差;⑤人身误差。

课堂练习题

一、填空题

1.被测量的测量结果量值含义有两方面,即_____和用于比较的_____名称。

2.电子测量是以_____为依据,以_____为手段,以_____为被测对象所进行的测量。

3.在电子测量中,_____是基本参量,其他的为派生参量。

4.电子测量的方法主要有_____、_____和_____。

5.控制_____是衡量测量技术水平的标志之一。

6.测量误差按其性质和特点不同,可分为_____、_____和_____。

7.测量误差的表示方法有两种,即_____和_____。

8.电工仪表的准确度是由_____决定的。

9._____测量是电子测量的基础,在电子电路和设备的测量调试中,它是不可缺少的基本环节。

10.电压测量仪器主要有_____、_____、_____等。

11.测量频率、时间、相位的仪器主要有_____等。

12.测试用信号源主要有_____。

13.电路参数测试仪器主要有_____等。

14.信号分析仪器主要有_____。

15.5S 中的_____能使工作场所消除脏污;5S 中的_____是针对人的"质"的提升而提出的,也是 5S 管理的最终目标;行走中抽烟,烟蒂任意丢弃是 5S 中的_____。

16.整顿的"三定"分别是指_____、_____、_____。

17.按仪表的准确等级来分,指示类电工仪表可分成_____7个等级。

18.测量误差是_____与被测量值的真值之间的偏差。(2014 年高考真题)

19.从仪器仪表的刻度线上读出或在显示器上显示出测量结果的测量方法称为_____。(2018 年高考真题)

20.现有一只 20 kΩ 的电阻器,某同学的测量值为 19.5 kΩ,则此次测量的实际相对误差为_____。(2019 年高考真题)

21.用三位半数字万用表测量标称值为 1.0 kΩ 的电阻,读数为 955 Ω。当保留有效数字 2 位时,此电阻值为_____kΩ。(2019 年高考真题)

22.相对误差定义为用测量的_____与真值的比值,通常用百分数表示。

二、判断题

1.用数字表对某电路的电阻进行测量的过程是电子测量。　　　　　　（　　）

2.用试电笔判断洗衣机是否漏电不是电子测量。　　　　　　　　　（　　）

3.用电子秤测量体重不是电子测量,但整个测量过程离不开电子测量。（　　）

4.因设备、仪器及附件引起的误差不是系统误差。　　　　　　　　（　　）

5.因温度、湿度的变化引起的误差是随机误差。　　　　　　　　　（　　）

6.因读数习惯引起的误差是粗大误差。　　　　　　　　　　　　　（　　）

7.在写带有单位的量值时,准确写法是 560 kΩ±1 000 Ω。　　　　　（　　）

8.598 416 保留 5 个有效数字是 59 842。　　　　　　　　　　　　（　　）

9.电子测量仪器外表有灰尘,在不通电的情况下可以用湿布去擦。　（　　）

10.测量 10.5 V 电压时,量程应选择 10 V 挡测量误差才最小。　　　（　　）

11.电工仪表的等级越高,测量误差就越小。　　　　　　　　　　（　　）

12.常用电工仪表分为 0.1,0.2,0.5,1.0,1.5,2.5,5.0 七级。　　　　（　　）

13.在工厂 5S 管理中,清洁、清扫的目的是应付检查。　　　　　　（　　）

14.电工指示仪表的准确度数字越大,表示仪表的准确度越低。　　（　　）

15.一般情况下,测量结果的准确度不会等于仪表的准确度。　　　（　　）

16.为保证测量结果的准确性,不但要保证仪表的准确度高,还要选择合适的量程。

　　　　　　　　　　　　　　　　　　　　　　　　　　　　　（　　）

17.采用替代法可以消除系统误差。　　　　　　　　　　　　　　（　　）

18.由于环境温度变化而引起的测量误差叫作仪器误差。　　　　　（　　）

19.通过多次测量取平均值的方法可减弱系统误差对测量结果的影响。（　　）

20.12×10^{2}是两位有效数字,0.012 是三位有效数字。　　　　　　（　　）

21.在仪表的准确度等级确定后,示值越接近最大量程,示值的相对误差就越大。

　　　　　　　　　　　　　　　　　　　　　　　　　　　　　（　　）

22.3.727 501 保留 4 位有效数字为 3.728。　　　　　　　　　　　（　　）

23.有效数字的位数与测量误差的关系,在写有绝对误差的数字时,有效数字的末位应与绝对误差取齐。　　　　　　　　　　　　　　　　　　　　（　　）

24.为了减少测量误差,应使被测量的数值尽可能地在仪表满量程的 2/3 以上。

　　　　　　　　　　　　　　　　　　　　　　　　　　　　　（　　）

25.系统误差的绝对值和符号在任何测量条件下都保持恒定,即不随测量条件的改变而改变。　　　　　　　　　　　　　　　　　　　　　　　　（　　）

26.用伏安法测电阻,当被测电阻的阻值远远小于伏特表的内阻时,采用安培表内接法可减小误差。　　　　　　　　　　　　　　　　　　　　　（　　）

三、选择题

1.要测量一个 10 V 左右的电压,手头有两块电压表,其中一块量程为 150 V,1.5 级,

另一块为 15 V,2.5 级,问选用哪一块合适?(　　　)

　　A.两块都一样　　　　B.150 V,1.5 级　　　　C.15 V,2.5 级　　　　D.无法进行选择

2.下列测量中,不属于电子测量的是(　　　)。

　　A.水银血压计测血压　　　　　　　B.示波器测频率

　　C.频率计测周期　　　　　　　　　D.逻辑笔测信号的逻辑状态

3.根据测量内容,属于电信号参数测量内容的是(　　　)。

　　A.电场强度　　　　B.周期　　　　C.品质因数　　　　D.增益

4.用 MF47 型万用表测量电阻时,因未机械调零而产生的测量误差属于(　　　)。

　　A.随机误差　　　　B.人身误差　　　　C.粗大误差　　　　D.系统误差

5.下列不属于电工仪表准确度等级的是(　　　)。

　　A.1.0　　　　B.0.5　　　　C.2.0　　　　D.2.5

6.下列属于电子测量仪器最基本测量内容的是(　　　)。

　　A.电阻的测量　　　　　　　　B.电压的测量

　　C.周期的测量　　　　　　　　D.测量结果的显示

7.下列不属于测量误差来源的是(　　　)。

　　A.仪器误差和(环境)影响误差　　　　B.满刻度误差和分贝误差

　　C.人身误差和测量对象变化误差　　　　D.理论误差和方法误差

8.下列各项中,不属于测量基本要素的是(　　　)。

　　A.被测对象　　　　B.测量仪器系统　　　　C.测量误差　　　　D.测量人员

9.根据测量性质和特点,可以将其分为(　　　)三大类。

　　A.绝对误差、相对误差、引用误差　　　　B.固有误差、工作误差、影响误差

　　C.系统误差、随机误差、粗大误差　　　　D.稳定误差、基本误差、附加误差

10.下列不属于产生系统误差的因素是(　　　)。

　　A.工具误差　　　　B.方法误差　　　　C.人为误差　　　　D.过失误差

11.5S 来源于(　　　)。

　　A.中国、韩国　　　　B.美国、日本　　　　C.英国　　　　D.日本

12.下列关于整理的定义,正确的是(　　　)。

　　A.将所有的物品重新摆过

　　B.将工作场所内的物品分类,并把不要的物品清理掉,将生产、工作、生活场所打
　　　扫得干干净净

　　C.区别要与不要的东西,工作场所除了要用的东西以外,一切都不放置

　　D.将物品分区摆放,同时作好相应的标志

13.下列关于整顿的定义,正确的是(　　　)。

　　A.将工作场所内的物品分类,并把不要的物品清理掉

　　B.把有用的物品按规定分类摆放好,并做好适当的标志

　　C.将生产、工作、生活场所打扫得干干净净

　　D.对员工进行素质教育,要求员工有纪律观念

14. 下列关于清扫的定义,正确的是(　　　)。

A.将生产、工作、生活场所内的物品分类,并把不要的物品清理掉

B.把有用的物品按规定分类摆放好,并做好适当的标志

C.将生产、工作、生活场所打扫得干干净净

D.对员工进行素质教育,要求员工有纪律观念

15. 下列关于清洁的定义,正确的是(　　　)。

A.维持整理、整顿、清扫后的局面,使之制度化、规范化

B.将生产、工作、生活场所内的物品分类,并把不要的物品清理掉

C.把有用的物品按规定分类摆放好,并做好适当的标志

D.对员工进行素质教育,要求员工有纪律观念

16. 下列关于素养的定义,正确的是(　　　)。

A.将生产、工作、生活场所内的物品分类,并把不要的物品清理掉

B.把有用的物品按规定分类摆放好,并做好适当的标志

C.将生产、工作、生活场所打扫得干干净净

D.每个员工在遵守公司规章制度的同时,维持前面4S的成果,养成良好的工作习惯及积极主动的工作作风

17. 电工仪表的精确度等级用(　　　)表示。

A.引用相对误差 　　　　　　　　 B.绝对误差

C.示值相对误差 　　　　　　　　 D.满度相对误差

18. 在 1×10^5 中有(　　　)位有效数字。

A.3 　　　　　 B.2 　　　　　 C.1 　　　　　 D.4

19. 通过测量已知电阻两端的电压得到线路电流的测量方法属于(　　　)。(2015年高考真题)

A.直接测量法 　　　　　　　　 B.间接测量法

C.比较测量法 　　　　　　　　 D.组合测量法

20. 使用指针式万用表测电压时,因未调零而产生的测量误差属于(　　　)。

A.随机误差 　　　 B.系统误差 　　　 C.粗大误差 　　　 D.人身误差

21. 下列关于修正值与绝对误差关系的说法,正确的是(　　　)。

A.绝对值相等,但符号相反 　　　　 B.绝对值不相等,且符号相反

C.绝对值相等,且符号相同 　　　　 D.绝对值不相等,但符号相同

22. 要测量已知电阻 R 上消耗的功率,先测量加在 R 两端的电压 U,再测量流过 R 的电流 I,然后根据公式 $P = UI$ 求得功率的值的测量方式叫(　　　)。

A.直接测量 　　　　　　　　 B.间接测量

C.组合测量 　　　　　　　　 D.相对测量

23. 从测量手段上看,伏安法测电阻属于(　　　)。

A.直接测量 　　　　　　　　 B.间接测量

C.组合测量 　　　　　　　　 D.比较测量

24.某电路通电后,要求在不断电的情况下,用万用表测量电路中某一电阻的阻值,宜采用的测量方法是(　　)。

  A.直接测量法   B.间接测量法

  C.组合测量法   D.无法测量

25.仪表指示值与实际值之间的差值称为(　　)。

  A.绝对误差   B.相对误差

  C.示值相对误差   D.引用误差

26.用指针万用表交流电压挡测量直流电压而产生的误差属于(　　)。

  A.随机误差   B.系统误差

  C.粗大误差   D.人身误差

四、简答题

1.什么是电子测量?简述电子测量的基本内容。

2.电子测量有哪些特点?电子测量有什么意义?

3.电子测量的方法有哪些?哪种方法的准确度最高?

4.电子测量的误差是怎样定义的?有哪些表示方法?

5.用来测量电压的仪器有哪些？

6.什么是相对误差？

7.简要回答 5S 管理的主要内容。

8.常用电子测量仪表有哪些类型？

9.电子测量的内容有哪些？（2014 年高考真题）

五、综合题

1.有两个电容器,其中 $C_1 = (2\ 000 \pm 40)\,\text{pF}$, $C_2 = 470\ (1 \pm 5\%)\,\text{pF}$,问哪个电容器的误差大些？为什么？

2.用某型号电压表测量电压,测量示值为 5.42 V,改用标准电压表测量示值为 5.60 V,求前一只电压测量的绝对误差 ΔX,示值相对误差 γ_X 和实际相对误差 γ_A。

3.标称值为 1.2 kΩ,容许误差±5%的电阻,其实际值范围是多少?

4.现检定一只 2.5 级量程 100 V 电压表,在 50 V 刻度上标准电压表读数为 48 V,问在这一点上电压表是否合格?

5.用准确度 $S=1.0$ 级,满度值 100 μA 的电流表测电流,求示值分别为 80 μA 和 40 μA 时的绝对误差和相对误差。

6.被测电压 8 V 左右,现有两只电压表,一只电压表的量程为 0~10 V,准确度 $S_1=1.5$;另一只电压表的量程 0~50 V,准确度 S_2 为 1.0 级,问选用哪一只电压表测量结果较为准确?

7.按照数据舍入法则,对下列数据进行处理,使其各保留三位有效数字。

　　86.372 4,　8.914 5,　3.175 0,　0.003 125,　59 450

8.某电压 U_1 实际值为 50 V,甲同学进行测量,测量值为 50.5 V。另一电压 U_2 实际值为 100 V,乙同学进行测量,测量值为 100.7 V。请计算说明甲、乙两同学谁的测量准确度高。(2016 年高考真题)

9.现有一只电阻实际阻值 R_0 为 3 kΩ,测量值 R 为 3.10 kΩ。试求测量的绝对误差、实际相对误差和示值相对误差(计算结果保留 2 位小数)。(2017 年高考真题)

10.要测量 220 V 电压,要求测量的相对误差不大于±0.5%,如果选用量程为 250 V 的电压表,其准确度为哪一级?

11.请写出如下图所示通用实训台各个组成部分的名称。

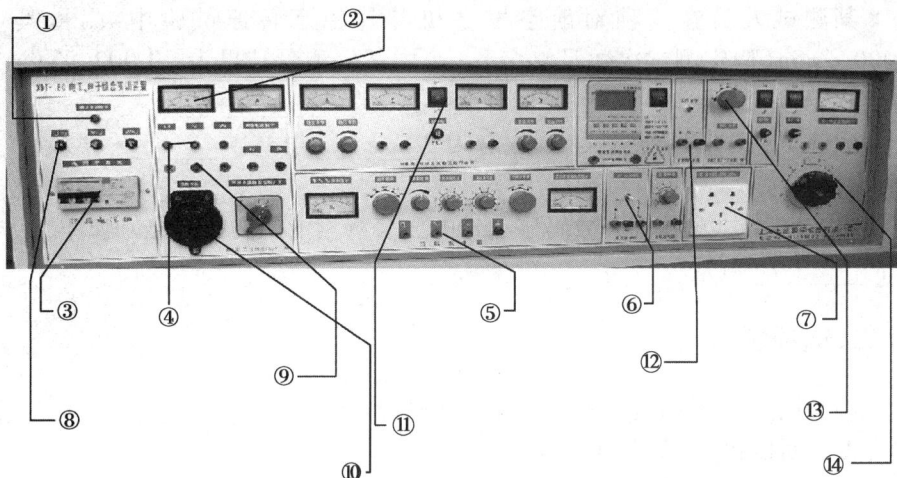

① _____ ② _____
③ _____ ④ _____
⑤ _____ ⑥ _____
⑦ _____ ⑧ _____
⑨ _____ ⑩ _____
⑪ _____ ⑫ _____
⑬ _____ ⑭ _____

自我检测题

一、填空题

1.多次测量中随机误差具有_____性、_____性和_____性。

2.数字万用表测量某仪器两组电源读数分别为 5.825 V、15.736 V,保留三位有效数字分别应为_____、_____。

3.满度(引用)误差表示为_____,是用_____代替_____的相对误差。

4.测量仪器准确度等级一般分为 7 级,其中准确度最高的为_____级,准确度最低的为_____级。

5.在使用连续刻度的仪表进行测量时,一般应使被测量的数值尽可能在仪表满刻度值的_____以上。

6.被测量真值是_____。

7.用一只 0.5 级 50 V 的电压表测量直流电压,产生的绝对误差≤ _____ V。

8.某测试人员在一项对航空发动机叶片稳态转速试验中,测得其平均值为 20 000 r/min(假定测试次数足够多)。其中某次测量结果为 20 002 r/min,则此次测量的绝对误差 $\Delta X=$ _____,实际相对误差 = _____。

9.测量误差按性质及产生的原因,分为 _____ 误差、_____ 误差和 _____ 误差。

10.指针偏转式电压表和数码显示式电压表测量电压的方法分别属于 _____ 测量和 _____ 测量。

二、选择题

1.在相同条件下多次测量同一量时,随机误差的( )。
　A.绝对值和符号均发生变化
　B.绝对值发生变化,符号保持恒定
　C.符号发生变化,绝对值保持恒定
　D.绝对值和符号均保持恒定

2.仪器通常工作在( ),可满足规定的性能。
　A.基准条件 　　　　　　　　　　B.极限工作条件
　C.额定工作条件 　　　　　　　　D.储存与运输条件

3.被测电压真值为 100 V,用电压表测试时,指示值为 80 V,则示值相对误差为( )。
　A.+25% 　　　　　　　　　　　B.−25%
　C.+20% 　　　　　　　　　　　D.−20%

4.下列关于有效数字的写法,错误的是( )。
　A.6.25±0.01 　　　　　　　　　B.33.14±0.10
　C.23.230±0.001 　　　　　　　　D.455±0.1

5.以下不属于电子测量仪器的主要性能指标的是( )。
　A.精度 　　　　　B.稳定度 　　　　　C.灵敏度 　　　　　D.速度

三、判断题

1.绝对误差就是误差的绝对值。 　　　　　　　　　　　　　　　( )
2.从广义上说,电子测量是泛指以电子科学技术为手段而进行的测量,即以电子科学技术理论为依据,以电子测量仪器和设备为工具,对电量和非电量进行的测量。 ( )
3.测试装置的灵敏度越高,其测量范围越大。 　　　　　　　　　　( )
4.粗大误差具有随机性,可采用多次测量,求平均的方法来消除或减少。 　( )
5.被测量的真值是客观存在的,然而却是无法获得的。 　　　　　　( )

四、问答题

1.什么是测量误差？测量误差有哪几种表示方法？怎样减少测量误差？

2.测量误差的来源有哪些？

3.误差按性质分为哪几种？各有什么特点？

4.电子测量的内容有哪些？

5.简述 5S 管理模式的具体内容。

五、综合题

1.用一内阻为 R_1 的万用表测量如下图所示电路 A、B 两点间电压，设 $E = 12$ V，$R_1 = 5$ kΩ，$R_2 = 20$ kΩ，求：

（1）如 E、R_1、R_2 都是标准的，不接万用表时 A、B 两点间的电压实际值 U_A 为多大？

（2）如果万用表内阻 $R_1 = 20$ kΩ，则电压 U_A 的示值相对误差和实际相对误差各为多大？

（3）如果万用表内阻 $R_1 = 1$ MΩ，则电压 U_A 的示值相对误差和实际相对误差各为多大？

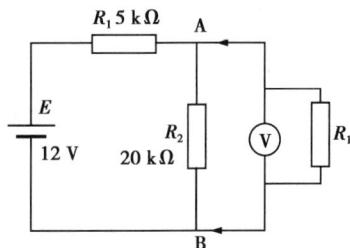

2.检定一只 1.5 级电流表 5 mA 量程的满度相对误差。现有下列几只标准电流表,问选用哪只最适合,为什么?

(1)0.2 级 10 mA 量程;(2)0.5 级 10 mA 量程;(3)0.1 级 100 mA 量程。

3.有一个 10 V 标准电压,用 100 V 挡,0.5 级和 15 V 挡,2.5 级的两块万用表测量,问哪块表测量误差小?

4.按数字修约规则处理下列各数,使之保留 3 位有效数字。

1.375	0.002 645 01	5 999.8	26.365 4	7.136 1	0.000 348
58 350.0	54.795	21 000 019.985 0	41.235 45	25.555 05	

5.改正下列数据的写法。

①420 kHz±2.5 Hz   ②382.05 V±0.4 V

③150 V±15.0 mV   ④20.20 kHz±2.2 Hz

项目二　直流稳压电源

学习目标

（1）了解直流电源的基本概念；

（2）了解直流稳压电源的类型；

（3）掌握直流稳压电源的使用方法；

（4）能根据直流稳压电源的技术指标,掌握正确使用直流稳压电源的方法。

知识要点

1.直流电源的基本类型及特点

（1）电源

将其他形式的能量转变为电能的装置或设备,称为电源。常见的电源有直流电源和交流电源。

（2）直流稳压电源

满足电流的大小和方向不随时间变化的电源称为直流电源。

输出电压不因输入电压的波动而变化,不受负载的影响（或影响较小）的电源称为直流稳压电源。

（3）直流稳压电源的基本类型和特点

直流稳压电源的基本类型和特点,见下表。

种类	基本原理	分类方法	电路类型	主要特点
线性电源	是先将交流电经过变压器变压,再经过整流电路整流滤波得到未稳定的直流电压。要达到高精度的直流电压,必须经过电压反馈调整输出电压	稳压管与负载的连接形式	并联型稳压电源	稳压管与负载并联,一般采用稳压二极管进行稳压
			串联调整型稳压电源	稳压调整管与负载串联,调整管调节输出稳压电压

续表

种类	基本原理	分类方法	电路类型	主要特点
开关稳压电源	利用电子开关器件（如晶体管、场效应管、可控硅闸流管等），通过控制电路，使电子开关器件不停地"接通"和"关断"，让电子开关器件对输入电压进行脉冲调制，从而实现 DC/AC、DC/DC 电压变换，以及输出电压可调和自动稳压	储能元件与负载的连接形式	并联型开关稳压电源	储能电感与负载并联
			串联型开关稳压电源	储能电感与负载串联
		振荡方式	自激式开关稳压电源	由开关管与开关变压器组成正反馈环路来完成振荡
			他激式开关稳压电源	由另外振荡器产生振荡脉冲，加在开关管上控制开关管导通和截止，实现稳压
		脉冲控制方式	脉冲调宽式开关稳压电源（PWM）	调节控制脉冲的宽度，调整输出电压高低，实现稳压
			脉冲调频式开关稳压电源	同时调节控制脉冲的频率和宽度，调整输出电源的高低，实现稳压

2.直流稳压电源的电路组成与工作原理

(1)串联调整型稳压电源

•电路组成

串联型稳压电路如下图所示，由取样电路、基准电路、比较放大和调整电路等部分组成。其中 R_1、R_2 和 R_P 组成取样电路，R_1、R_2 和 R_P 称为取样电阻；R_3 和 V_3 组成基准电路，R_3 是 V_3 的限流电阻；V_2 为比较放大管，作用是将稳压电路输出电压的变化量先放大，然后再送到调整管基极；V_1 是调整管，起调整作用。

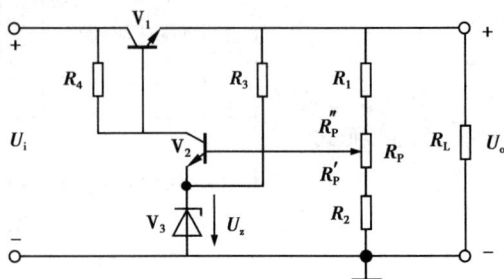

● 稳压原理

当输出电压 U_o 发生变化时,通过取样电路把 U_o 的变化量取样加到放大管 V_2 的基极。而由 R_3 和 V_z 组成的基准电路为 V_2 的发射极提供基准电压 U_z。由 V_2 和 R_4 组成的放大电路把取样电压和基准电压进行比较放大后,输出调整信号送到调整管 V_1 的基极,控制 V_1 进行调整,以维持 U_o 基本不变。

● 优缺点

串联调整型稳压电源属于线性电源,稳压调整管工作于线性区,依靠调整管的电压降来稳定输出。

优点:稳定性好、纹波小、可靠性高。

缺点:由于变压器工作在工频(50 Hz)电源上,所以体积较大、重量较大、效率较低(一般只有 50% 左右)。

(2)开关稳压电源

● 电源原理图

开关稳压电源原理图及等效原理框图如下图所示。

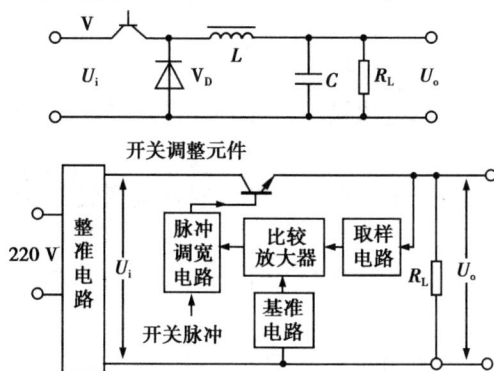

● 开关稳压电原的工作原理

220 V,50 Hz 的低频交流电,经低频整流滤波电路变为直流电,再由开关变压器、开关三极管、振荡电路等变为几百千赫兹到几十兆赫兹的高频交流电。然后通过整流滤波电路输出,同时从输出端取出电压送入控制电路,控制开关管的占空比实现稳定的直流电压输出。

● 优缺点

开关电源属于非线性电源,稳压调整管工作在开关状态。

主要优点:功耗小,效率高(一般可达 80%~90%),体积小,重量轻,稳压范围宽,稳压效果很好等。

主要缺点:存在较为严重的开关干扰。开关稳压电源中,功率调整开关晶体管工作在开关状态,它产生的交流电压和电流通过电路中的其他元器件产生尖峰干扰和谐振干扰,这些干扰如果不采取一定的措施进行抑制、消除和屏蔽,就会严重地影响整机的正常工作。此外,由于开关稳压电源振荡器没有工频变压器的隔离,这些干扰就会串入工频电网,使附近的其他电子仪器、设备和家用电器受到严重干扰。

3.直流稳压电源的使用

（1）直流稳压电源的主要性能指标

直流稳压电源的主要性能指标有输入电压、输出电压、输出电流、输出功率、电源稳定度、负载稳定度等。本教材以 UTP3705S 型直流稳压电源为例指标见下表。

名称	数据	名称	数据
输出电压	2×0~32 V	最大输出功率	260 W
输出电流	2×0~5 A	电源稳定度	电压：$\leqslant 1\times 10^{-4}+0.5$ mV 电流：$\leqslant 2\times 10^{-3}+6$ mA
输入电源电压	AC220±10%,50 Hz±2 Hz （输出电流小于 5 A） AC110±10%,60 Hz±2 Hz （输出电流等于 5 A）	负载稳定度	电压：$\leqslant 1\times 10^{-4}+2$ mV （输出电流≤3 A） 电压：$\leqslant 1\times 10^{-4}+5$ mV （输出电流>3 A）

（2）直流稳压电源的使用

作稳压源输出电压时,应将电流调节旋钮顺时针旋到底,并保持。调节电压调节旋钮控制输出的直流电压值。

作稳流源输出电流时,应将电压调节旋钮顺时针旋到底,并保持。调节电流调节旋钮控制输出的直流电流值。

UTP3705S 型直流稳压电源有独立（FREE）和串联跟踪（TRACK）两种工作模式。

● 独立工作模式（FREE）

设置方式:将模式切换按钮 MODE 弹起置于（FREE）。

特点:CH1 和 CH2 两个通道相互独立,所显示的电压和电流值只受对应通道的电压电流调节旋钮控制,可输出两组不同的电压。

● 串联跟踪模式（TRACK）

设置方式:将模式切换按钮 MODE 按下置于（TRACK）,为确保跟踪模式能正常工作,在模式切换前要用短接片将 CH1 通道负极与 CH2 通道的正极可靠连接。

特点:

①主从关系:当工作在串联跟踪模式下时,将建立以 CH1 通道为主,以 CH2 通道为从的主从关系,即 CH2 通道此时所显示的电压将保持与 CH1 通道的数值一致且不受 CH2 通道电压调节旋钮的控制,两组的电压大小此时都由 CH1 通道的电压调节旋钮控制。

②可输出 CH1 通道 2 倍的电压:当工作在串联跟踪模式下时,使用 CH1 通道的正极接线柱和 CH2 通道的负极接线柱作为电源的输出端时,此时输出电压值为 CH1 通道 2 倍的电压,最高可输出 64V 电压。

③可输出正负双电源:将接地端作为固定公共端,CH1 通道的正极接线柱与接地端之间输出为正电压,CH2 负极接线柱与接地端之间输出为负电压。

直流稳压电源为负载供电的操作步骤如下图所示。

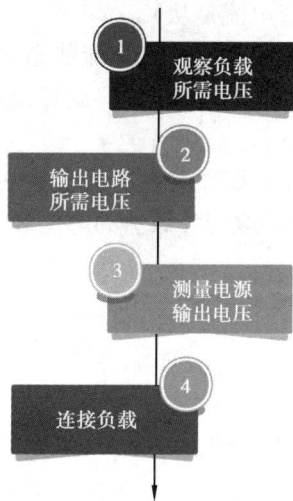

解题示例

例 1 要用 APS3003S 型稳压电源给容量为 1 500 mA·h 的手机电池充电,试说明操作步骤及要领。

分析:①目前手机电池类型一般都是 3.7 V 锂电池,充电限制电压 4.2 V,故可将输出电压设为 4.2 V。

②锂电池可以接受的最大充电率通常是 1 C 甚至更小,像 ThinkPad 笔记本电池最大充电率为 0.9 C。所谓 1 C 充电率指以容量的 1 倍率电流来充电,充电时间为 1 h。

实际上,要想电池寿命长,基本上是以 0.1~0.3 C 充电 4~10 h。也就是说,容量为 1 500 mA·h 的电池,如果以 0.2 C 充电,则充电电流为 0.2 C×1 500 mA·h = 300 mA,充电 5 h。

操作步骤:

第一步:将电源开关置于"ON"位置,接通交流电源,指示灯亮,显示上次输出设置。

第二步:恒流电流的预置:先将电压调到 3~10 V 任意值,然后将电流粗调旋和微调旋钮都调到"0",即逆时针方向旋到低。然后用导线短路输出正、负端时针方向调节电流粗、微调旋钮,使指针指到所需要设定的电流值 300 mA,拆除短接线。

第三步:调节输出电压粗调旋钮,使电压表指示值约高于预置值 1~2 V,再细调到 4.2 V。

第四步:根据外部负载电源的极性,正确连接电源端的"+"和"−"。

例 2 某同学在使用直流稳压电源时,发现电源有电压输出也有电流输出,但是再调电压,电压就调不上去了。再想把电流调大点,电流就调不大了。请说明这是什么原因引起的?

答:这是由于操作者对"恒压""恒流"的概念不甚清楚的原因。如果"恒压"灯亮,说明电源工作在恒压状态(可以认为电压占主动地位),这时的输出电流大小,是由负载决定的,而不是由操作者调出来的(可以说电流是占被动地位),如果这时去右旋"电流调节"旋钮,电流是不会增大的。但这时去右旋"电压调节"旋钮,输出电压是会升高,输出电流也会随之升高的(电压是主,电流是从)。

同理,如果"恒流"灯亮,说明电源工作在恒流状态,这时的输出电压也不是"调"出来的,而是由负载决定的。只有去调节"电流调节"旋钮,输出电流才会改变,输出电压也随之变化(这里电流是主,电压是从)。

总之,在使用直流稳压电源时,要弄清主从关系。电源处于"恒流"状态时去调电流,处于"恒压"状态时去调电压,才能改变负载上的电压和电流。

课堂练习题

一、填空题

1.电流的大小和方向不随时间变化的电源称为＿＿＿＿＿＿。交流电的电流大小和方向＿＿＿＿＿＿＿＿＿＿＿＿＿。

2.线性电源按稳压管与负载的连接方式不同,可分为＿＿＿＿＿和＿＿＿＿＿。

3.开关稳压电源按储能元件与负载的连接方式不同,分为＿＿＿＿＿和＿＿＿＿＿。

4.串联可调式稳压电源的调整管工作在＿＿＿＿＿状态,而开关电源的调整管工作在＿＿＿＿＿状态。

5.实验室所用的直流稳压电源,从输出形式上一般分为＿＿＿＿＿、＿＿＿＿＿和＿＿＿＿＿。

6.在如下图所示的电路中,调整管为＿＿＿＿＿,采样电路由＿＿＿＿＿组成,基准电压电路由＿＿＿＿＿组成,比较放大电路由＿＿＿＿＿组成。

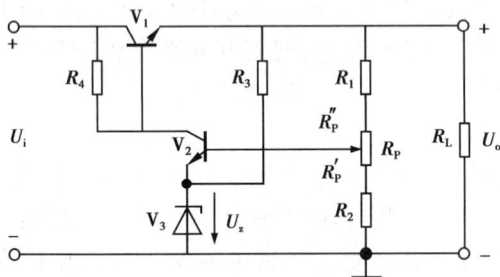

7.UTP3705S 型直流稳压电源面板上 CURRENT 旋钮的作用是＿＿＿＿＿、＿＿＿＿＿和设置输出电流。

8.MODE 是＿＿＿＿＿模式和＿＿＿＿＿模式切换键,按下时为＿＿＿＿＿模式,弹起时为＿＿＿＿＿模式。

9.UTP3705S 型直流稳压电源的输出电压为＿＿＿＿＿,输出电流为＿＿＿＿＿,最大输出功率是＿＿＿＿＿;当该电源处于串联跟踪模式时,最大输出电压可以达到＿＿＿＿＿V。

二、选择题

1.串联可调式稳压电源的电源调整管工作在(　　　)。

　A.放大状态　　　　　B.开关状态　　　　　C.截止状态　　　　　D.饱和状态

2.开关电源的电源调整管工作在(　　　)。

　A.放大状态　　　　　B.开关状态　　　　　C.截止状态　　　　　D.饱和状态

3.开关电源按稳压方式分为(　　　)。

　A.串联型和并联型　　　　　　　　B.自激式和他激式

　C.调频式和调宽式　　　　　　　　D.以上都对

4.下列不属于串联可调式稳压电源的电路是(　　　)。

　A.降压变压器　　　　　　　　　　B.整流滤波电路

　C.稳压电路　　　　　　　　　　　D.扫描电路

5.开关电源的开关管导通时间越长,开关变压器储能(　　　)。

　A.越小　　　　　　　B.不变　　　　　　　C.越多　　　　　　　D.不确定

6.开关型直流电源比线性直流电源效率高的原因是(　　　)。

　A.调整管工作在开关状态　　　　　B.输出端有 LC 滤波电路

　C.可以不用电源变压器　　　　　　D.调整管工作在放大状态

7.UTP3705S 型直流稳压电源,将Ⅰ路和Ⅱ路设置为跟踪模式,下列操作正确的是(　　　)。

　A.将 MODE 开关压下,短路片断开　　B.将 MODE 开关弹起,短路片断开

　C.将 MODE 开关压下,短路片连接可靠　D.将 MODE 开关弹起,短路片连接可靠

三、判断题

1.电流是一个既有大小,又有方向的量,所以它是矢量。　　　　　　　　　(　　)

2.对于稳压电源,只要市电电压稳定,则输出电压一定稳定。　　　　　　　(　　)

3.开关电源是靠改变开关管的占空比来实现稳压的。　　　　　　　　　　(　　)

4.在使用开关电源时,要先接入负载,再按负载要求调整电压。　　　　　　(　　)

5.稳压电源使用完毕后,可直接切断电源。　　　　　　　　　　　　　　　(　　)

6.UTP3705S 型直流稳压电源,可以为负载提供正负双电源。　　　　　　　(　　)

7.UTP3705S 型直流稳压电源,可以将Ⅰ路和Ⅱ路并联为负载提供大电流。　(　　)

8.UTP3705S 型直流稳压电源,可以将Ⅰ路和Ⅱ路串联为负载提供高电压。　(　　)

9.UTP3705S 型直流稳压电源,Ⅰ路和Ⅱ路串联使用时应将短路片断开。　　(　　)

10.UTP3705S 型直流稳压电源,设置为跟踪模式时,电源电压的调节由 CH2 通道的"VOLTS"旋钮调节。　　　　　　　　　　　　　　　　　　　　　　(　　)

11.UTP3705S 型直流稳压电源,设置为跟踪模式时,CH2 通道电源的限流设置由 CH2 通道的"CURRENT"旋钮调节,与 CH1 通道的限流设置无关。　　　　　　(　　)

12.UTP3705S 型直流稳压电源,"CV"指示灯点亮时,表明电源处于恒压输出模式。

（　　）

13.在恒压工作模式下,APS3003S 型直流稳压电源的负载电流值一旦超过输出电流限定值时,该电源将自动转换为恒流工作模式。（2019 年高考真题）　　　（　　）

四、简答题

1.开关电源的主要优点有哪些?

2.如何使用直流稳压电源?

3.某同学在使用直流稳压电源时,出现"输出有电压而无电流,或者有电流而无电压"的现象,这是什么原因引起的?

4.简述使用直流稳压电源正负双电源供电的操作步骤。

单元检测题

一、填空题

1.直流稳压电源按调整管的工作方式可分为＿＿＿＿＿稳压电源和＿＿＿＿＿稳压电源。其中串联调整型稳压电源属于＿＿＿＿＿稳压电源。

2.串联稳压电源中变压器的作用是＿＿＿＿＿,整流电路的作用是＿＿＿＿＿。

3.串联稳压电源的优点是＿＿＿＿＿、＿＿＿＿＿和可靠性高。

4.串联稳压电源的调整管工作在＿＿＿＿＿,开关稳压电源的调整管工作在＿＿＿＿＿。

5.开关稳压电源的优点是_____、_____、体积小、质量轻。

6.UTP3705S型直流稳压电源属于_____型稳压电源,具有多种保护功能,包括_____、短路保护和_____保护。

7.开关稳压电源按产生振荡的方式可以分为_____振荡和_____振荡。

8.开关稳压电源的组成部分有低频整流滤波、_____、_____和控制电路、振荡电路。

9.在UTP3705S型直流稳压电源上,当"CC"指示灯亮起时,表示此时设备工作在_____状态。

二、选择题

1.下列不属于串联稳压电源组成部分的是(　　)。
   A.变压器　　　　　　　　　　　　B.采样电路
   C.开关三极管　　　　　　　　　　D.比较放大器

2.下列关于串联稳压电源中基准电压部分的说法,错误的是(　　)。
   A.基准电压在电源工作过程是不变的
   B.基准电压一般由稳压二极管提供
   C.调节稳压电源的输出电压就是调节电路的基准电压
   D.基准电压的稳定性越高越好

3.下列关于串联稳压电源的说法,错误的是(　　)。
   A.对其他设备的干扰很小
   B.由于采用电源变压器,所以体积较大
   C.当输入电压低于输出电压时,也能实现稳压输出
   D.发热量大,效率较低

4.下列关于开关稳压电源的说法,错误的是(　　)。
   A.开关稳压电源的调整管工作于饱和和截止状态
   B.开关稳压电源电路较为复杂
   C.开关稳压电源的输出电压不能进行调节
   D.开关稳压电源转换效率高

5.在使用UTP3705S型直流稳压电源时,下列操作错误的是(　　)。
   A.应先接上负载,再调节稳压电源的相关参数
   B.当负载短路时,应迅速关闭电源
   C.在调节输出电压时,应先粗调再细调
   D.与负载相连接时,一定要注意正负极性

三、判断题

1.开关稳压电源的输入电压范围宽,当输入电压低于输出电压时也能实现稳压。
　　　　　　　　　　　　　　　　　　　　　　　　　　　　　　　　　(　　)

2.在使用稳压电源时,应先调整需要的电压后,再接入负载。　　　　　　（　　）

3.当多个稳压电源串联使用,输出电压为各稳压电源的输出电压之和。　　（　　）

4.UTP3705S 型直流稳压电源的恒流电流值应小于负载的额定电流。　　　（　　）

5.UTP3705S 型直流稳压电源可以输出幅度连续可调的交流电压。　　　　（　　）

6.常见负载是恒压负载,所以稳压电源的电压调节旋钮使用频率较高。　　（　　）

7.当 UTP3705S 型直流稳压电源的输出端空载时,电流表的指示值为 0。　（　　）

8.UTP3705S 型直流稳压电源的输出电压调节范围为 0~32 V,输出电流为 0~3 A。
　　　　　　　　　　　　　　　　　　　　　　　　　　　　　　（　　）

9.UTP3705S 型直流稳压电源在对负载供电时,发现电流表的数字在变化,但电压表的数字不变,这说明稳压电源工作于恒压模式。　　　　　　　　　　　（　　）

10.若设置得当,可以让 UTP3705S 型直流稳压电源同时工作于恒压和恒流模式。
　　　　　　　　　　　　　　　　　　　　　　　　　　　　　　（　　）

四、简答题

1.什么是恒压工作模式? 有何特点?

2.什么是恒流工作模式? 有何特点?

3.简述使用直流稳压电源单电源供电时负载的连接方式。

4.简述使用直流稳压电源正负电源供电时负载的连接方式。

五、作图题

1.作出串联稳压电源的结构框图。

2.作出开关稳压电源的结构框图。

六、应用题

1.请将下图中直流稳压电源接成正负双电源(±12 V)完成对负载的供电。画出电源输出端口与负载的连线,并写电源相关设置步骤。

2.某电子设备的额定电压是 12 V,额定阻抗为 6 Ω,请用 UTP3705S 型直流稳压电源为其供电,要求:

(1)根据负载计算出 UTP3705S 型直流稳压电源的恒流设定值。

(2)写出 UTP3705S 型直流稳压电源为负载供电的步骤。

项目三　使用万用表

学习目标

（1）了解万用表的功能及种类；

（2）了解常用型号万用表的测量功能；

（3）理解万用表的测量原理；

（4）掌握万用表的面板功能并说出主要开关、旋钮的名称及功能；

（5）掌握万用表的基本使用方法，如机械调零、电阻调零、准确选定功能开关、读取测量结果；

（6）掌握万用表测量电压、电阻、电流的方法及注意事项，能用正确测量电压、电阻、电流。

知识要点

1.万用表简介

（1）功能

万用表是一种多功能、多量程的便携式电工电子测量仪表。一般万用表可以测量电阻、直流电流、直流电压、交流电压、音频电平。有些万用表还可以测量电容、电感、功率、晶体管直流放大倍数。

（2）分类

按显示方式不同，可分为指针式万用表和数字式万用表；按精度不同，可分为精密、较精密、普通3种；按表头线圈形式不同，可分为内磁式和外磁式；按规格型号不同，指针式万用表有 MF500 型、MF47 型、MF50 型等，数字式万用表有 DT9972 型、DT9101 型、DT890 型等。

（3）结构

万用表的基本结构包括测量机构、测量电路、转换装置3部分，其内部结构及外部结构见下表。

种类 结构	指针式万用表	数字式万用表
外部结构	外壳、表头、表盘、机械调零旋钮、电阻挡调零旋钮、转换开关、专用插座、表笔插孔等 	液晶显示器、电源开关、量程转换开关和表笔插孔等 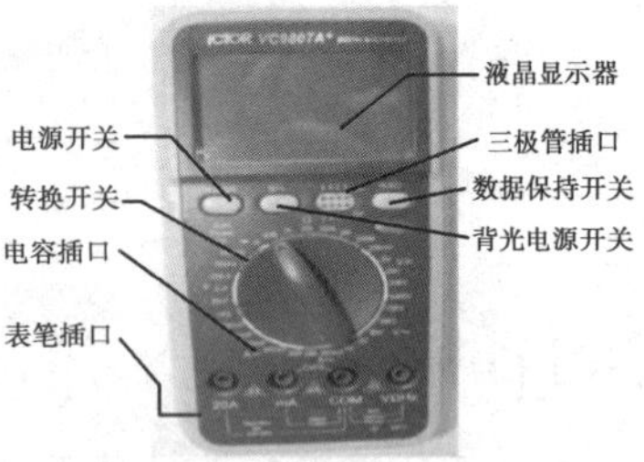
内部结构	电池、电阻、电容、电感、二极管、三极管等元器件组成的测量电路 	大规模集成电路和液晶数字显示电路 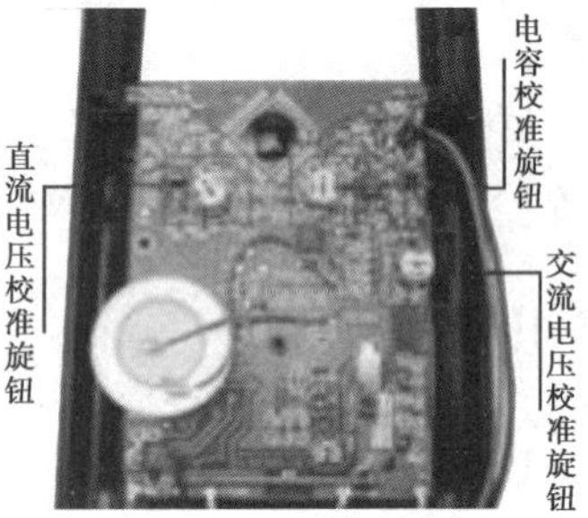

（4）指针式万用表的工作原理

指针式万用表的基本工作原理是利用一只灵敏的磁电式直流电流表（微安表）做表头，当微小的电流通过表头时，就会有电流指示。但表头不能通过大电流，所以必须在表头上并联与串联一些电阻进行分流或降压，从而测出电路中的电流、电压和电阻。

①测量直流电流原理：在表头上并联一个电阻（称为分流电阻）进行分流，就可以扩展电流量程。改变分流电阻的阻值，就能改变电流的测量范围，分流电阻阻值越小，电压流表量程越大，如下左图所示。

②测量直流电压原理：在表头上串联一个电阻（称为分压电阻）进行分压，就可以扩展电压量程。改变分压电阻的阻值，就能改变电压的测量范围，分压电阻阻值越大，电压表量程越大，如下右图所示。

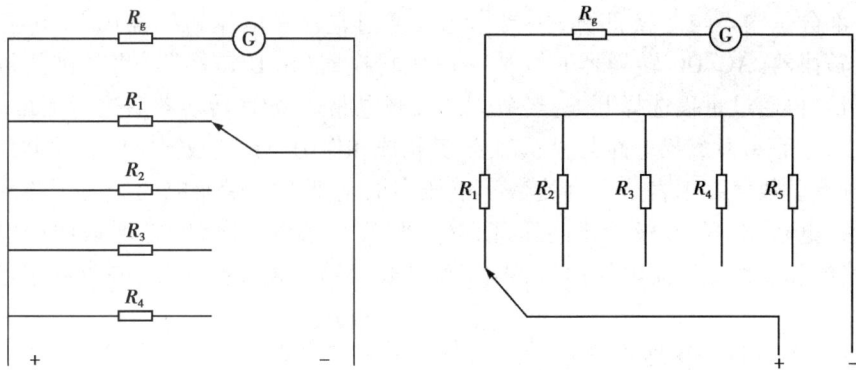

③测量交流电压原理：在表头上加装一个并串式半波整流电路，将交流电进行整流变成直流电以后再通过表头，这样根据直流电压的大小来测量交流电压，如下左图所示。扩展量程方法与测直流电压相似。

④测量电阻原理：在表头上并联和串联适当的电阻，同时串联一节电池，使电流通过被测电阻，根据电流的大小，就可测量出电阻值，改变分流电阻的阻值，就能改变电阻量程，如下右图所示。

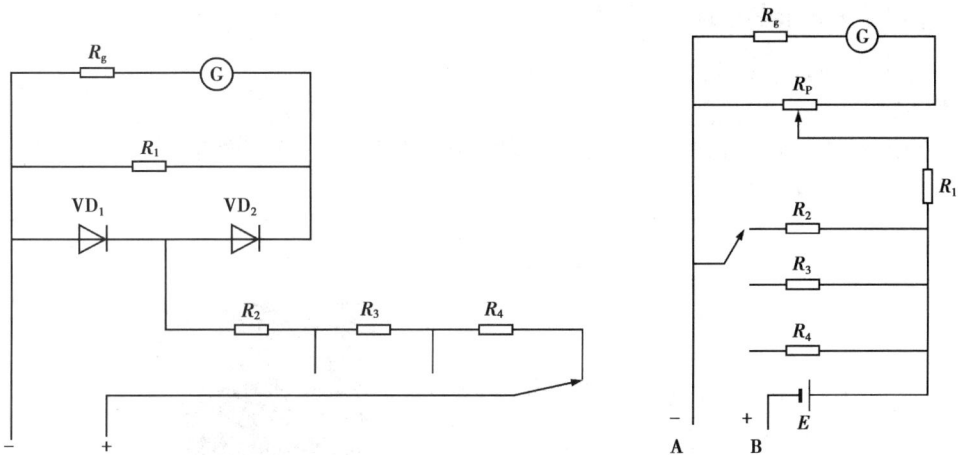

（5）数字式万用表的工作原理

数字万用表的基本组成框图如下图所示，它主要由两大部分组成。

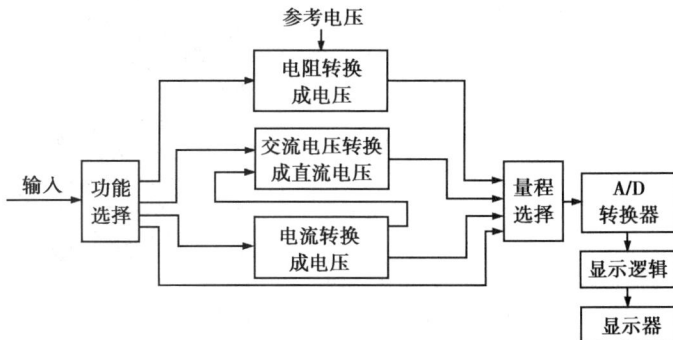

第一部分是输入与变换部分,主要作用是通过电流—电压转换器(I/U 转换器)、交流—直流转换器(AC/DC 转换器)、电阻—电压转换器(R/U 转换器)将各被测量转换成直流电压量,再通过量程选择开关,经放大或衰减电路送 A/D 转换器后进行测量。

第二部分是 A/D 转换电路与显示部分,其构成和作用与直流数字电压表的电路相同。

工作原理:数字万用表是在直流数字电压表的基础上扩展而成的。为了能测量交流电压、电流、电阻、电容、二极管正向压降、晶体管放大系数等电量,必须增加相应的转换器,将被测电量转换成直流电压信号,再由 A/D 转换器转换成数字量,并以数字形式显示出来。

(6)面板部分符号含义

①⊻表示交直流。

② V-2.5 kV 4 000 Ω/V 表示对于交流电压及 2.5 kV 的直流电压挡,其灵敏度为 4 000 Ω/V。

③A-V-Ω 表示可测量电流、电压及电阻。

④45-65-1 000 Hz 表示使用频率范围为 1 000 Hz 以下,标准工频范围为 45~65 Hz。

⑤20 kΩ/V DC 表示直流挡的灵敏度为 2 000 Ω/V。

2.指针式万用表的使用

(1)测量电阻

● 步骤和方法

万用表测量电阻的步骤及方法可归纳为一看,二调零,三试,四测,五复位,具体说明见下表。

步　　骤	方　　法	图　　示
一看	看表笔连接是否正确,挡位选择是否在电阻挡,如有错误应立即改正	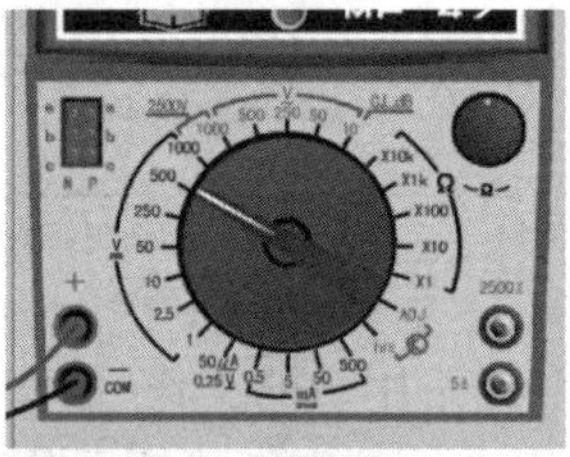
二调零	进行欧姆调零。如果指针不能调到零位,说明电池电压不足或仪表内部有问题	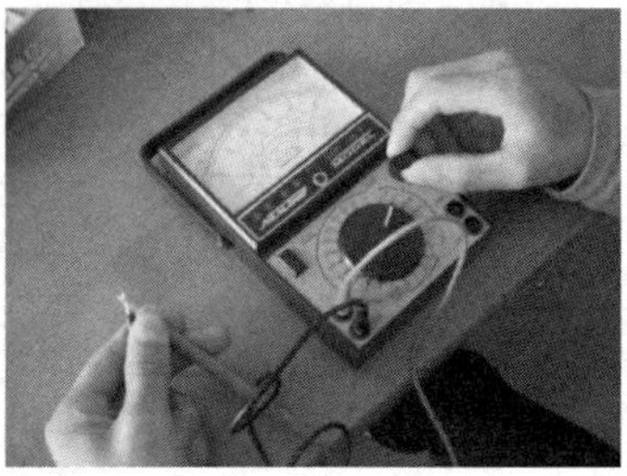

续表

步　骤	方　　法	图　示
三试	在测量前用表笔短时间接触被测电阻器,观察指针偏摆幅度。一般情况下,应使指针指在刻度尺的1/3~2/3。如果偏摆幅度过大或过小,不便于读数,则应重新选择挡位(倍率)	
四测	在前面3个步骤都正常的基础上,可进行测量,待指针稳定后再读数	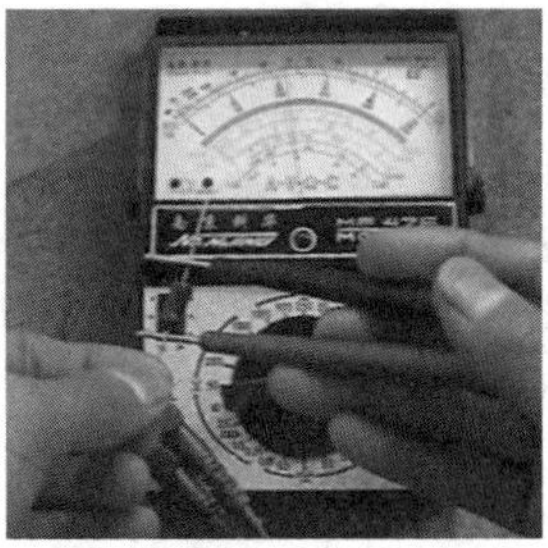
五复位	在测量完毕后放下表笔,把转换开关拨至测交流电压挡的最高挡位,避免在下次使用时,因忘看挡位而烧表	

小贴士

口诀

一看——拿起表笔看挡位;

二调零——测量电阻先调零;

三试——瞬间偏摆试挡位;

四测——测量稳定记读数;

五复位——放下表笔要复位。

● 注意事项

①每次测量或换挡,都要进行欧姆调零。进行欧姆调零时,不能将两支表笔长时间短

接,否则电池消耗过快。

②手不要同时接到电阻两端,避免并联影响精度。

③断电后再测量,即不能带电测量电阻。

④指针尽量接近中间位置(满刻度的 1/2 位置)。

⑤测量完毕后,要将挡位拨到交流最高挡或 OFF 挡位。

(2)测量交流电压

● 步骤及方法

万用表测量交流电压的步骤及方法:一看,二扳,三试,四测,五复位。下面以万用表测量 220 V 交流电压来说明其应用,见下表。

步　骤	方　法	图　示
一看	看表笔连接是否正确,挡位选择是否在交流电压挡,如有错误,应立即改正	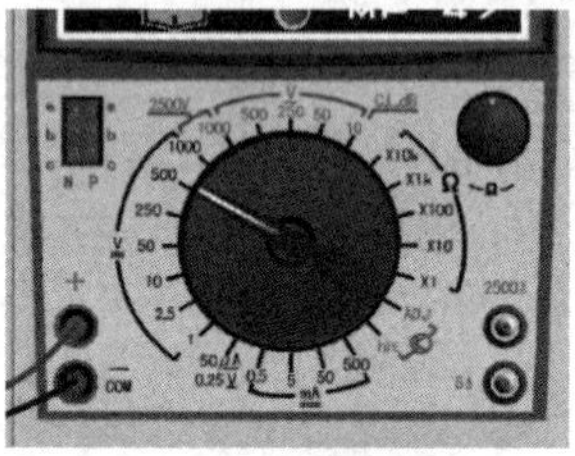
二扳	把转换开关扳到合适的量程位置(如 AC250 V 挡)	
三试	在测量前用表笔短时间接触被测电压,并观察指针偏摆幅度,如果幅度过大就要把量程改换成较大的量程再进行测量	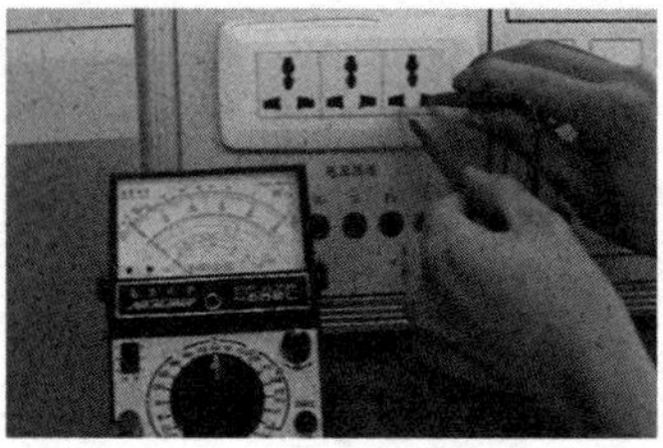

续表

步 骤	方 法	图 示
四测	在前面 3 个步骤都正常的基础上，可进行测量，待指针稳定后再读数	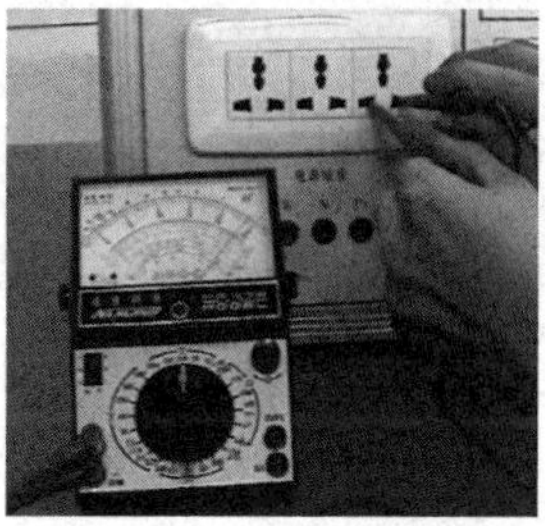
五复位	在测量完毕，放下表笔，把转换开关拨至测交流电压挡的最高挡位，避免在下次使用时，因忘看挡位而烧表	

小贴士

口诀

一看——拿起表笔看挡位；

二扳——对应电量扳到位；

三试——瞬间偏摆试挡位；

四测——测量稳定记读数；

五复位——放下表笔要复位。

● 注意事项

①先选量程再测量，挡位由大变到小。

②合适挡位的标准是：表针尽量指在满刻度的 2/3 以上的位置。

③换挡之前要断电。

④测量 1 000 V 以上的交流电压时，应将正表笔插入 "2 500 V" 的专用插孔。

⑤测量完毕后，要将挡位拨到交流最高挡或 OFF 挡位。

(3)测量直流电压

● 步骤和方法

使用万用表测量直流电压与测量交流电压的步骤相同，即：一看，二扳，三试，四测，五复位。下面以万用表测量 1.5 V 电池的电压来说明其应用,见下表。

步　骤	说　明	图　示
一看	看表笔连接是否正确,挡位选择是否在直流电压挡,如有错误应立即改正	
二扳	把转换开关扳到合适的量程位置(如直流 2.5 V 挡)	
三试	在测量前用表笔短时间接触被测电压(红表笔接电池的正极,黑表笔接电池的负极),并观察指针偏转方向及幅度是否正常。如果指针反向偏转,说明表笔极性接反,应立即改正过来;如果偏转幅度过大就要把量程改换成较大的量程再进行测量	
四测	在前面 3 个步骤都正常的基础上,可进行测量,待指针稳定后再读数	

续表

步　骤	方　法	图　示
五复位	在测量完毕,放下表笔,把转换开关拨至测交流电压挡的最高挡位,避免在下次使用时,因忘看挡位而烧表	

小贴士

口诀

一看——拿起表笔看挡位;

二扳——对应电量扳到位;

三试——瞬间偏摆试挡位;

四测——测量稳定记读数;

五复位——放下表笔要复位。

● 注意事项

万用表测量直流电压与测量交流电压的注意事项基本相同。特别要注意的是,测量时,红表笔接高电位,黑表笔接低电位。

(4)测量直流电流

● 步骤及方法

使用万用表测量直流电流的步骤及方法是:一看,二扳,三试,四测,五复位。下面以万用表测量干电池的电流来说明其应用,见下表。

步　骤	方　法	图　示
一看	看表笔连接是否正确,挡位选择是否在直流电流挡,如有错误应立即改正	

续表

步　骤	方　法	图　示
二扳	把转换开关扳到合适的量程位置(如直流 50 mA 挡)	
三试	先断开被测量电路,再将表笔串联进入在电路中,红表笔接高电位端,黑表笔接低电位端,并观察指针偏转方向及偏转幅度是否正常,如果指针反向偏转,说明表笔极性接反,应立即改正过来;如果偏转幅度过小,就要把量程改换成较小的量程再进行测量	
四测	在前面 3 个步骤都正常的基础上,可进行测量,待指针稳定后再读数	
五复位	在测量完毕,放下表笔,把转换开关拨至测交流电压挡的最高挡位,避免在下次使用时,因忘看挡位而烧表	

小贴士

口诀

一看——拿起表笔看挡位;

二扳——对应电量扳到位;

三试——瞬间偏摆试挡位;

四测——测量稳定记读数;

五复位——放下表笔要复位。

• 注意事项

①先选量程再测量,挡位由大变到小。

②合适挡位的标准是:表针尽量指在满刻度的2/3以上的位置。

③换挡之前要断电。

④测量500 mA至5 A的直流电流时,应将挡位选择开关置于"500 mA"挡,正表笔插入"5 A"的专用插孔。

⑤测量完毕后,要将挡位拨到交流最高挡或OFF挡位。

【重要提醒】

在使用指针万用表前,首先要观察万用表的指针是否与左边零刻度线对齐重合,若不重合就要进行"机械调零"。其方法是:把两支表笔分开,用一把大小合适的一字型螺丝刀去调节位于表盘中间的机械调零螺钉,直到指针与0刻度线重合,如下图所示。

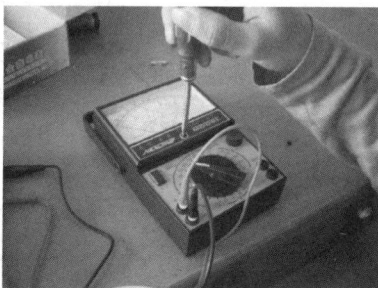

向左或右调节,边调边观察,直到指针与0刻度线重合

机械调零应注意以下两点。

①机械调零螺钉千万不要乱调。先仔细观察清楚,如果必须要调,最多左右调半圈。使表针回零后即可。

②机械调零不是每次使用都要调,它与"欧姆调零"是两码事。

3.数字式万用表和台式万用表的使用

数字式万用表和台式万用表的使用方法见下表。

	便携式数字万用表		台式万用表（UT802）	
	测量步骤和方法	注意事项	测量步骤和方法	注意事项
测电阻	①将红表笔插入 V/Ω 插孔，黑表笔插入 COM 插孔，打开电源 ②将功能表开关旋至 Ω 挡相应的量程 ③测量：将表笔并联在电阻两端 ④读数：若数字在跳变，待稳定后再读数	①不用调零 ②开路（或被测电阻值超出所选择量程的最大值）的情况下显示屏显示"1"	①将红表笔插入 V/Ω 插孔，黑表笔插入 COM 插孔，打开电源 ②选挡和量程：选择合适的 Ω 挡及量程 ③测量：两表笔并接在被测电阻两端 ④读数：直接从显示屏上读出数值，并加上单位。若数字在跳变，待数字稳定后再读数	①不用调零 ②测量 1 MΩ 以上的电阻时，需要几秒钟才会稳定，这对高阻的测量来说属正常现象。LCD 屏显示"1"，说明量程选择过小 ③测量电阻选量程时，量程应大于被测值；电阻不分正负极
测直流电压	①将红表笔插入 V/Ω 插孔，黑表笔插入 COM 插孔，打开电源 ②将功能表开关旋至"V~"挡相应的量程 ③测量：将表笔并联在待测电路两端 ④读数：若数字在跳变，待稳定后再读数	①表笔不分正负，若黑表笔接在高电位，则以负数显示。建议测量时按红表笔接高电位，黑表笔接低电位 ②当被测电压超过量程时，显示屏将显示"1" ③不能测量 1 000 V 以上的电压，容易损坏内部电路	①将红表笔插入 V/Ω 插孔，黑表笔插入 COM 插孔，打开电源 ②选挡和量程：选择合适的 DC-V 挡及量程（在不知被测量大小时，首选高挡位，再依次减挡）。 ③正确连接被测直流电压：两表笔并接在被测电压两端，可不分正负极，当极性接反时将会在显示屏中数字前方显示"−"号进行提示，不会损坏万用表 ④读数：若数字在跳变，待数字稳定后再读数	①表笔不分正负，若黑表笔接在高电位，则以负数显示。建议测量时按红表笔接高电位，黑表笔接低电位 ②当被测电压超过量程时，屏幕显示"1" ③绝不允许输入超过 1 000 V 的直流电压到输入端，否则将损坏仪器

续表

	便携式数字万用表		台式万用表（UT802）	
	测量步骤和方法	注意事项	测量步骤和方法	注意事项
测交流电压	①将红表笔插入 V/Ω 插孔,黑表笔插入 COM 插孔,打开电源 ②将功能表开关旋至"V~"挡相应的量程 ③测量:将表笔并联在待测电路两端,表笔不分正负 ④读数:若数字在跳变,待稳定后再读数	①测量电压超过当时的范围时,显示屏显示"1" ②绝不允许输入超过 700 V 的交流电压到输入端,否则仪器会被损坏	①将红表笔插入 V/Ω 插孔,黑表笔插入 COM 插孔,打开电源 ②选挡和量程:选择合适的 AC-V 挡及量程（在不知被测量大小时,首选高挡位,再依次减挡） ③正确连接被测直流电压:两表笔并接在被测电压两端,可不分正负极,当极性接反时将会在显示屏中数字前方显示"–"号进行提示,不会损坏万用表 ④读数:若数字在跳变,待数字稳定后再读数	①测量电压超过设定的范围时,屏幕显示"1" ②绝不允许输入超过 750 V 的交流电压到输入端,否则将损坏仪器 ③测量高于直流 60 V 或者交流 30 V 以上的电压时,务必小心谨慎,切记手指不要超过表笔护指位,以防触电
测直流电流	① 当测量电流小于 200 mA 时,红表笔插入 200 mA 插孔;当测量电流大于 200 mA 时,红表笔插入 10 A 插孔;黑表笔插入 COM 孔,打开电源开关 ②将功能表开关旋至"A~"挡相应的量程 ③测量:将表笔串联在待测电路中,红表笔接高电位,黑表笔接低电位 ④读数:若数字在跳变,待稳定后再读数。若显示屏显示的数值前有"–"号,表示黑表笔接点为高电位	①测量电流超过设定的范围时,显示屏显示"1" ②绝不允许测量超过 10 A 的电流,否则仪器会被损坏	①红表笔接 mA 或 10 A 插孔（根据估计被测量大小来选择）,黑表笔接 COM 插孔。 ②选挡和量程:选择合适的 DC-A 挡及量程（在不知被测量大小时,首选高挡位,再依次减挡） ③测量:正确连接被测直流电流,两表笔串接在被测电路中,可不分正负极,当极性接反时将会在显示屏中数字前方显示"–"号进行提示,不会损坏万用表 ④读数:直接从显示屏上读出数值,加上单位 mA 或 A（根据所选表笔插孔来定）	①显示屏中如果显示"1",说明测量电流超过设定的范围 ②绝不允许输入超过 10 A 的直流电流到输入端,否则将损坏仪器

续表

	便携式数字万用表		台式万用表（UT802）	
	测量步骤和方法	注意事项	测量步骤和方法	注意事项
测二极管	将功能开关转换到二极管挡，将红黑表笔分别接二极管的两端，如果显示"1"为溢出，表示反向。需交换表笔，这时显示的数值为二极管的正向压降值，红表笔接的引脚为正极，黑表笔接的引脚为负极。显示正向压降为0.15～0.3 V，为锗材料；显示正向压降为0.5～0.7 V，为硅材料。如果两次测量均为溢出，表示二极管已损坏	①发光二极管的管压降高于0.7 V，如普通的发光二极管正偏压降红色为1.6 V，黄色为1.4 V左右，蓝白为至少2.5 V ②高压整流二极管的管压降会更高	①正确连接表笔：红表笔接 V/Ω 插孔，黑表笔接 COM 插孔 ②选挡：将挡位开关置于二极管和蜂鸣器共用挡位置上 ③正确连接被测二极管：两表笔并接在被测二极管两端 ④读数：直接从显示屏上读出数值，加上单位 mV	—
测三极管	二极管挡判基极，同时判断其管型；开关旋至 h_{FE} 挡，基极插入对应孔，e、c 两极交换插，观察两次 β 值，值大表示引脚已插对，由此判定 c、e 脚	按照数字万用表判断二极管的方法，可测出公共正极或公共负极，此引脚即为基极	①正确连接表笔：在 V/Ω 插孔和 mA 插孔之间插入三极管专用测量端子 ②选挡：将挡位开关置于 h_{FE} 挡位置上 ③检测管型与放大倍数：将三极管三只引脚分别放入转接头的"N"和"P"接触点并切换方向，观察 LCD 屏，有数字显示时三极管为对应管型 ④判断极性：将三极管三引脚分别放置于对应管型下方"E、B、C"接触点，当 LCD 屏显示值与放大倍数相同时，各引脚为对应极性	—

续表

	便携式数字万用表		台式万用表（UT802）	
	测量步骤和方法	注意事项	测量步骤和方法	注意事项
测电容	将功能开关转换至电容相应挡位，将电容器插入电容测量插孔"CX"，等待读数稳定后再读数	不同型号的表测量范围不同，且误差较大	①正确连接表笔：红表笔接"V/Ω"插孔，黑表笔接mA插孔 ②将功能开关转换至电容相应挡位 ③将电容器跨接在红黑表笔之间（对于有极性的电容器，红表笔接正极，黑表笔接负极） ④等待读数稳定后再读数	①测量之前应将电容器两引脚短接放电 ②不同型号的表测量范围不同，且误差较大

解题示例

1.解题方法指导

①使用指针式万用表时，要明确"偏转""2/3 法则"的意义。

"偏转"：万用表的表头一般采用内阻较大、灵敏度较高的磁电直流安培表做成。表头无电流通过的状态称为静态（指针指示零或电阻刻度 ∞），使指针向数值增大（电阻减小）方向的偏转称为正偏，指针向零刻度的反方向偏转称为反偏（当电池极性接反，或测量电压、电流时没有满足电流从红表笔流进，黑表笔流出的要求时都会反偏）。

"2/3 法则"：为了减小测量误差，应根据被测量的大小选择合适的仪表量程，一般以指示值不小于满度值的 2/3 为宜。

②电压、电流与电阻的刻度线不一样。

直流电流挡：直流电流挡的几个挡位，实际是由同一表头并联不同电阻改装而成的几个量程不同的电流表。流过表头的电流越大，指针偏转越大。

直流电压挡：直流电压挡的几个挡位，实际是由同一表头串联不同电阻改装而成的几个量程不同的电压表。同样是流过表头的电流越大，指针偏转越大。

电阻挡：是根据闭合电路欧姆定律制成的测量电阻的仪表，可直接读出电阻值，比用伏安法测电阻方便。但欧姆表刻度不均匀，测量时表针应尽量指在满刻度的 1/2 位置。其测量原理如下图所示。

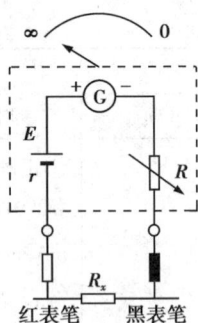

图中，G 为电流表，R_g 为内阻，I_g 为满偏电流，E 为电池的电动势，r 为内阻。其中，电阻 R 为可变电阻，也称为调零电阻，R_x 为被测电阻。

欧姆表原理：$I = \dfrac{E}{R_g + R + r + R_r}$，即 I 与 R_x 一一对应（其中，R_x 为被测电阻）。

特点：

a. $R_x = 0$，此时 $I_g = \dfrac{E}{R_g + R + r}$，指针偏转最大。可改变调零电阻 R 的阻值，使指针指示刻度值"0"。

b. 红、黑表笔不接触，$I = 0$，指针不偏转，刻度值为 ∞。

c. 测电阻 R_x 时，$I = \dfrac{E}{R_g + R + r + R_x}$。由于 I 和 R_x 之间不成正比，所以欧姆表刻度是不均匀的。

d. 测量时被测电阻要与原电路断开。

③使用万用表探索黑箱内的电学元件。

判断黑箱内元件的思路如下图所示。

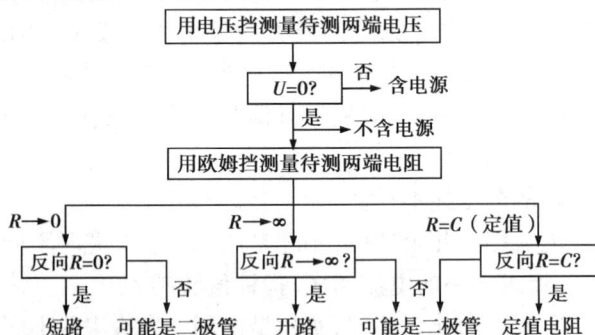

a. 首先用万用表电压挡探测黑箱子是否有电源。

b. 如果有电源，则用万用表的电压挡探测黑箱子外任意两接点电压，根据电压关系判定黑箱内电源的位置及各接点电阻关系，从而分析出黑箱内各元件的连接情况。

c. 如果没有电源，则直接用万用表的欧姆挡测量任意两点间的电阻值，根据所测量的电阻值，分析任意两点间各是什么元件及其连接情况。

2.典型例题

例1　一学生用万用表测电阻，他在实验中有违反使用规则之处。他的主要实验步

骤如下:

①选择开关扳到欧姆挡"×1 k"上;

②把表笔插入测试笔插孔中,先把两根表笔相接触,旋转调零旋钮,使指针指在电阻刻度的零位上;

③把两根表笔分别与某一待测电阻的两端相接,发现这时指针几乎满偏;

④换用"×100"的欧姆挡,发现这时指针的偏转适中,记下欧姆数值;

⑤把表笔从测试笔插孔中拔出后,就把多用表放回桌上原处,实验完毕。

这个学生在测量时已注意到:待测电阻与其他元件和电源断开,不用手碰表笔的金属杆。那么,这个学生在实验中违反了哪一条或哪一些重要的使用规则?

分析:使用欧姆表要注意的地方比较多。使用前要经过调整(机械调零,选择量程后要欧姆调零),使用后要复位(拔出表笔,选择开关应置于"OFF"挡或交流高压挡),使用过程中,换挡后要重新调零……这些往往都是考查的重点。

答:该题中不符合操作规则的是,换到合适的量程后,要重新调整调零旋钮;使用后不能把选择开关置于欧姆挡。

例 2　如下图所示,已知黑箱外有 A、B、C 3 只接线柱,黑箱内有一只定值电阻和一个二极管,它们的两端都直接接在接线柱上。用万用表依次测 3 只接线柱间的阻值,结果见下表。请判定黑箱内元件的结构。

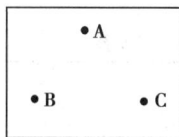

红表笔	A	A	B	C	C	B
黑表笔	B	C	C	B	A	A
阻值/Ω	100	150	50	2 000	2 100	100

分析:电阻的正反向电阻相同,二极管的正反向电阻不同,且差距很大。欧姆表的黑表笔接内部电源的正极,红表笔接内部电源的负极。

定值电阻阻值与电流方向无关,二极管有单向导电性,其电阻与电流方向有关;其正向电阻较小,反向电阻很大;电流方向总是从红表笔流入万用表,因此一定是从黑表笔流入被测电路的。

A、B 间电阻与电流方向无关,因此一定是定值电阻;B、C 间电阻与电流方向有关,且阻值较小,说明二极管一定直接接在 B、C 间且 C 为正极。

答:黑箱内结构如下图所示。

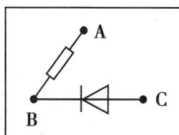

点评:电学黑箱是指内部要素和结构尚不清楚的系统,其研究方法是用万用表进行探索和推理,从而发现内部电学元件的连接关系。这类问题解题方法是:

①根据黑箱的输入、输出信息,用万用表进行探测和推理。

②猜想黑箱内与题给条件相容的结构模型。

③分析、验证是否满足题目有关条件,同时注意是否有多解。

例3　用万用表进行了几次测量,指针分别处于 a、b 的位置,如下图所示。若万用表的选择开关置于下表中所指的挡位,a 和 b 的相应读数是多少? 请填在表格中。

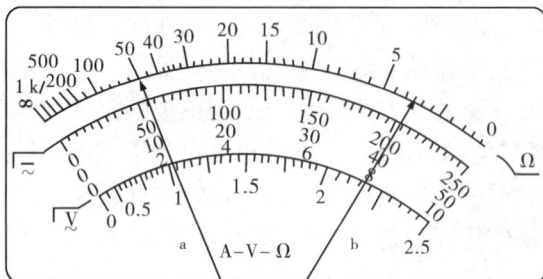

指针位置	选择开关所处挡位	读　数
a	直流电流 100 mA	mA
	直流电压 2.5 V	V
b	电阻×100	Ω

分析:直流电流 100 mA 挡读第二行"0～10"一排,最小度值为 2 mA 估读到 1 mA 就可以了;直流电压 2.5 V 挡读第二行"0～250"一排,最小分度值为 0.05 V 估读到 0.01 V 就可以了;电阻×100 挡读第一行,测量值等于表盘上读数"3.2"乘以倍率"100"。

答:a 和 b 的相应读数见下表。

指针位置	选择开关所处的挡位	读　数
a	直流电流 100 mA	23.0 mA
	直流电压 2.5 V	0.57 V
b	电阻×100	320 Ω

例4　使用 M47 型指针式万用表测量电压、电流时如何选择合适的量程? 应从哪一条刻度线读取数值(确定格数)? 每一大格或每一小格的值怎样计算? 被测量值大小如何确定?

分析:在万用表的表盘上有许多条标度尺,分别用于不同的测量对象。所以,测量时要在对应的标度尺上读数,同时应注意标度尺读数和量程的配合,即表头刻度线上的"读数"与"实测值"不能混淆在一起,"读数"是指从刻度线上直接读出的数值,而"实测值"则是该读数所代表的被测量的数值,它往往通过换算获取。虽然有时这两者在数值上是相同的,但在许多情况下是不同的。另外,在读数时还应使指针和指针在反射镜上的投影相重叠,以避免产生测量误差。

　　熟悉表盘上各条刻度线(标尺)及其含义是正确完成本题的关键。读数时,先看大格,再看小格,二者结合起来读数。

　　M47 型指针式万用表表盘上的第二条刻度线是电压、电流共用的。

　　第二条刻度线——直流电压,分 9 挡:0~0.25 V;0~1 V;0~2.5 V;0~10 V;0~50 V;250 V;500 V;1 000 V;2 500 V。

　　第二条刻度线——交流电压,分 6 挡:0~10 V;0~50 V;0~250 V;0~500 V;0~1 000 V;0~2500 V。

　　第二条刻度线——直流电流:分 6 挡:0~0.05 mA;0~0.5 mA;0~5 mA;0~50 mA;0~500 mA;0~5 A,交直流电压 2 500 V 和直流电流 5 A 为单独插座。

　　答:①未知被测量时,量程应从大到小试测,若知被测量的大小,则选择量程大于被测量的合适量程测量,最好使指针在量程的 1/2~2/3 的范围内。

　　②读第二条刻度线数值。第二条刻度线平均共分 10 个大格,每一大格又分为 5 个小格。如用直流 10 V 电压挡,即指针满偏转 10 V,每一大格为 1 V;若用直流 50 V 电压挡,指针满偏转时为 50 V,每一大格为 5 V;若用直流 250 V 电压挡,指针满偏转时为 250 V,每一大格为 25 V;若用 1 000 V 电压挡,指针满偏转时为 1 000 V,每一大格为 100 V。

　　③每一大格值=格数×数值/格。

课堂练习题

一、填空题

1.用多用表的欧姆挡测量阻值为几十 kΩ 的电阻 R_x,以下给出的是可能的操作步骤,其中 S 为选择开关,P 为欧姆挡调零旋钮,把你认为正确的步骤前的字母按合理的顺序填写在下面的横线上。

　　a.将两表笔短接,调节 P 使指针对准刻度盘上欧姆挡的零刻度,断开两表笔。

　　b.将两表笔分别连接到被测电阻的两端,读出 R_x 的阻值后,断开两表笔。

　　c.旋转 S 使其尖端对准欧姆 1 k 挡。

　　d.旋转 S 使其尖端对准欧姆 100 挡。

　　e.旋转 S 使其尖端对准交流 500 V 挡,并拔出两表笔。

――――――――――――――――――――――――――――――――

2.一万用表的电阻挡有 3 个倍率,分别是×1、×10、×100。用×10 挡测量某电阻时,操作步骤正确,但发现表头指针偏转角度很小,为了较准确地进行测量,应换到_____挡。如果换挡后立即用表笔连接待测电阻进行读数,那么缺少的步骤是_____,若补上该步骤后测量,表盘的示数如下图所示,则该电阻的阻值是_____。

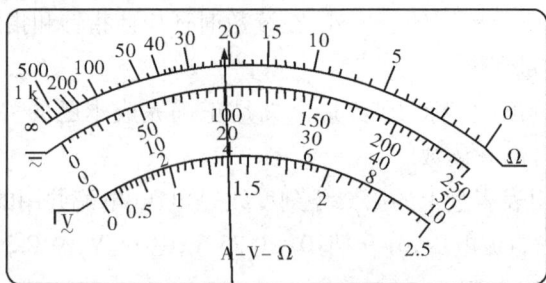

3.用已调零且选择开关指向欧姆挡"×10"位置的万用表测某电阻阻值,根据上图所示的表盘,被测电阻阻值为_____Ω。若将该表选择旋钮置于 1 mA 挡测电流,表盘仍然是上图所示,则被测电流为_____mA。

4.如下图所示为一可供使用的万用表,S 为选择开关,Q 为欧姆挡调零旋钮。现在要用它检验两个电阻的阻值(图中未画出电阻),已知阻值分别为 $R_1 = 60\ \Omega$ 和 $R_2 = 470\ k\Omega$。下面提出了在测量过程中一系列可能的操作步骤,请你选出能尽可能准确地测定各阻值和符合于万用表安全使用规则的各项操作,并且将它们按合理顺序填写在后面的横线上空白处。

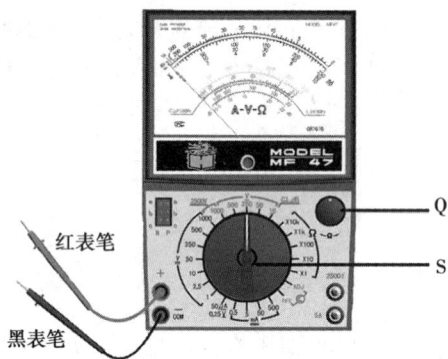

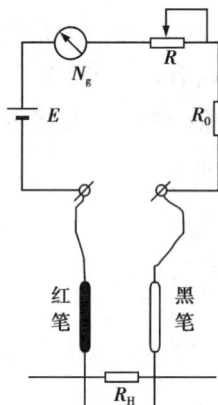

A.旋动 S 使其尖端对准欧姆挡×1 k;

B.旋动 S 使其尖端对准欧姆挡×100;

C.旋动 S 使其尖端对准欧姆挡×10;

D.旋动 S 使其尖端对准欧姆挡×1;

E.旋动 S 使其尖端对准 V 1 000;

F.将两表笔分别接到 R_1 的两端,读出 R_1 的阻值。随后即断开;

G.将两表笔分别接到 R_2 的两端,读出 R_2 的阻值。随后即断开;

H.两表笔短接,调节 Q 使表针对准欧姆挡刻度盘上的0,随后即断开;

所选操作及其顺序为(用字母代号填写):

_____,_____,_____,_____,_____,_____,

_____。

5.用万用表欧姆挡(×100)测试 3 只晶体二极管,其结果依次如下图的①、②、③所示。由图可知,图中的_____二极管是好的,该二极管的正极是_____端。

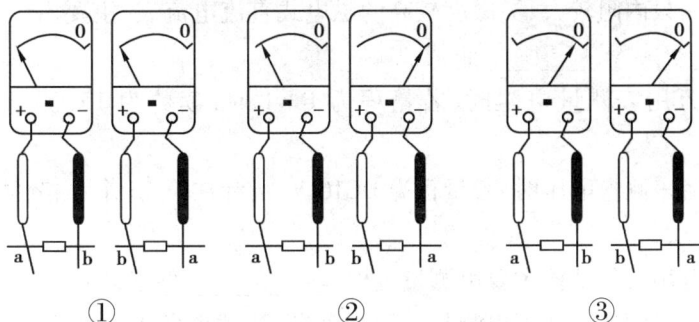

6.一万用表的欧姆挡有 4 挡,分别为×1 Ω,×10 Ω,×100 Ω,×1 000 Ω,现用它来测一未知电阻值,当用×100 Ω 测量时,发现指针的偏转角度很小。为了使测量结果更准确,测量前应进行如下两项操作,先_____,接着_____,然后再测量并读数。

7.某人用万用电表按正确步骤测量一电阻阻值,指针指示位置如下图所示,则这电阻值是_____,如果要用这万用电表测量一个约 200 Ω 的电阻,为了使测量比较精确,选择开关应选的欧姆挡是_____。

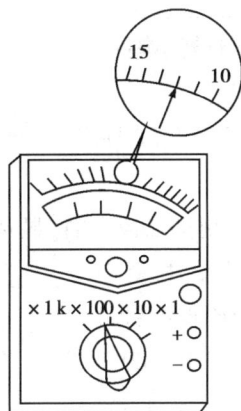

8.使用指针万用表时,发现指针不在零位。测量前必须调_____。

9.某些数字万用表具有测量电容的功能,测量时可将已放电的电容两引脚直接插入表板上的_____插孔,选取适当的量程后就可读取显示数据。

10.按照有效数字规则读出如下图所示电表的测量值。

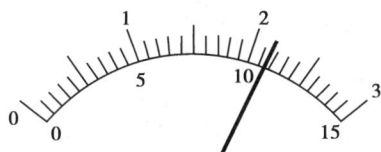

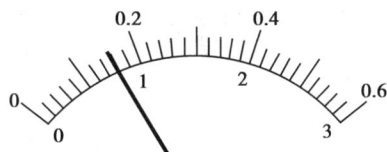

接 0~3 V 量程时读数为_____V。

接 0~15 V 量程时读数为_____V。

接 0~3 A 量程时读数为_____A。

接 0~0.6 A 量程时读数为_____A。

11.万用表上的"A-V-Ω"表示该仪表可以用来测量_____、_____、_____。

12.表头是一只内阻较大、灵敏度较高的磁电式直流电流表,主要由_____、_____、_____组成。

13.指针式万用表测量电阻时,若量程为 R×1 时,读数为 15,测电阻的测量值为_____。

14.指针万用表测量电压时,若量程为 DC10 V,指针在第 15 个小格,测电压的测量值为_____。

15.指针式万用表的结构主要由测量机构、_____、转换装置等组成。

16.数字万用表的蜂鸣挡可以测量线路的通断,当线路的电阻小于_____时,蜂鸣挡发出声音。

17.指针万用表的表头一般采用_____较大、_____较高的磁电式直流安培表做成。

18.指针万用表的符号"V"表示_____。

19.数字万用表的面板主要由_____、_____和表笔插孔组成。

20.万用表的 h_{FE} 挡是用来测量_____。

21.测量电压时,数字万用表应与被测电路_____联;测量电流时,万用表应与被测电路_____联。

22.表笔插孔上标志有"V Ω Hz"字样,表明_____、_____、_____应从这个插孔输入。

23.用 UT802 型数字表二极管挡测量二极管时,显示"582.2",说明这只二极管此时的导通电压是_____V,这只二极管的材料是_____材料。

24.MF47 型万用表在测量前,应确保指针处于_____位置。

25.指针位置如下图所示,挡位处于 R×100 时,读数为(a)_____,(b)_____;挡位是 DC50 V 时读数为(a)_____,(b)_____;挡位是 DC 0.5 mA 时读数为(a)_____,(b)_____。

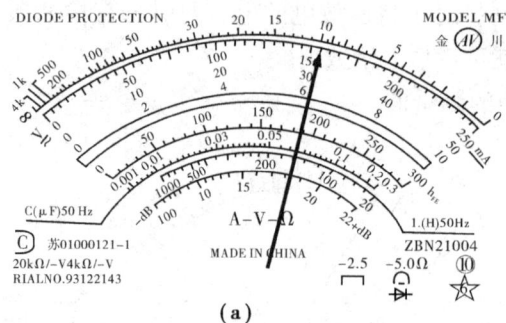

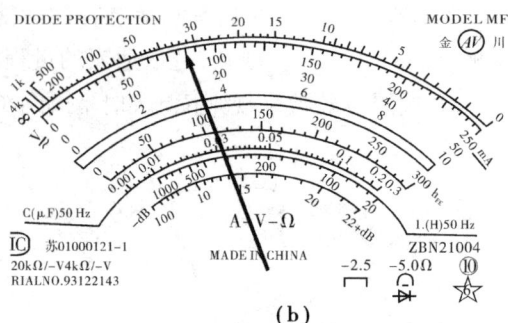

(a)　　　　　　　　　　　(b)

26.用 UT802 型万用表的直流电流挡测量较小的电流时,应用将红表笔接_____

孔,黑表笔接_____孔。

27.UT802型万用表的供电有两种类型,分别是_____供电和_____电源供电。

28.UT802型万用表的"LIGHT"按键的作用是开启或关闭显示屏的_____。

29.内阻为2 kΩ、量程为0.1 V的直流表头,若要扩大量程至1 V,需要串联的电阻器阻值为_____kΩ。(2016年高考真题)

30.用数字万用表测量某电阻,量程转换开关置于"20 k"挡位,显示屏上显示"12.54",则所测电阻实测值为_____Ω。(2017年高考真题)

31.将数字万用表功能量程选择开关置于"DCV"挡位时,表示用于测量_____。(2018年高考真题)

二、选择题

1.欧姆表电阻调零后,用"×10"挡测量一个电阻的阻值,发现表针偏转角度极小,正确的判断和做法是( )。

A.这个电阻值很小

B.这个电阻已损坏

C.为了把电阻测得更准一些,应换用"×1"挡,重新调零后再测量

D.为了把电阻测得更准一些,应换用"×100"挡,重新调零后再测量

2.用万用表测量直流电压 U 和测量电阻 R 时,若红表笔插入正(+)插孔,则( )。

A.前者(测电压 U)电流从红表笔流入,后者(测电阻 R)电流从红表笔流出

B.前者电流从红表笔流出,后者电流从红表笔流入

C.前者电流从红表笔流入,后者电流从红表笔流入

D.前者电流从红表笔流出,后者电流从红表笔流出

3.如右图所示,B为电源,R_1、R_2 为电阻,S为电键。现用万用表测量流过电阻 R_2 的电流,将万用表的选择开关调至直流电流挡(内阻很小)以后,正确的接法是( )。

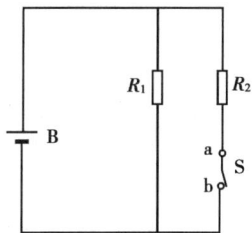

A.保持S闭合,将红表笔接在a处,黑表笔接b处

B.保持S闭合,将红表笔接在b处,黑表笔接a处

C.将S断开,红表笔接在a处,黑表笔接b处

D.将S断开,红表笔接在b处,黑表笔接a处

4.有一个万用表,其欧姆挡的4个量程分别为"×1""×10""×100""×1 k"。某学生把选择开关旋到"×100"挡测量一未知电阻时,发现指针偏转角度很大,为了减少误差,他应该换用的欧姆挡和测量方法是( )。

A.用"×1 k"挡,不必重新调整调零旋钮

B.用"×10"挡,不必重新调整调零旋钮

C.用"×1 k"挡,必须重新调整调零旋钮

D.用"×10"挡,必须重新调整调零旋钮

5. 如右图所示的电路为欧姆表原理图,电池的电动势 $E = 1.5$ V,G 为电流表,满偏电流为 200 μA。调零后,在两表笔间接一被测电阻 R_x 时,电流表 G 的指针示数为 50 μA,那么 R_x 的值是（　　　）。

A.7.5 kΩ   B.22.5 kΩ

C.15 kΩ   D.30 kΩ

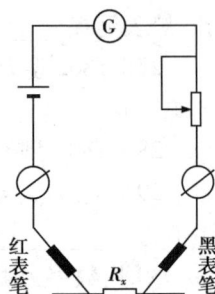

6. 在如下图所示电路的三根导线中有一根是断的,电源,电阻 R_1、R_2 及另外两根导线都是好的,为了查出断导线,某学生想先将万用表的红表笔直接接在电源的正极 a,再将黑表笔分别连接在电阻器 R_1 的 b 端和 R_2 的 c 端,并观察万用表指针示数,在下列选挡中符合操作规程的是（　　　）。

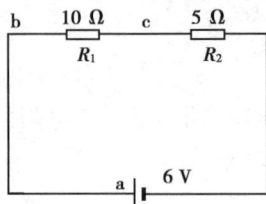

A.直流 10 V 挡   B.直流 0.5 A 挡

C.直流 2.5 V 挡   D.欧姆挡

7. 用万用表探测下图所示黑箱发现:用直流电压挡测量,E、G 两点间和 F、G 两点间均有电压,E、F 两点间无电压;用欧姆测量,黑表笔(与电表内部电源的正极相连)接 E 点,红表笔(表电表内部电源的负极相连)接 F 点,阻值很小,但反接阻值很大。那么,该黑箱内元件的接法可能是图中的（　　　）。

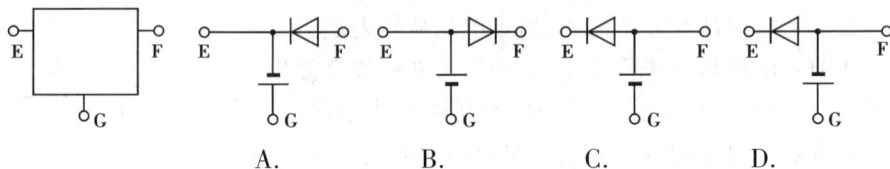

A.　　　　　　B.　　　　　　C.　　　　　　D.

8. 指针万用表使用完毕,转换开关应置于（　　　）挡位上,有利于表的保护。

A.R×10 k   B.交流 1 000 V

C.直流 500 V   D.R×1

9. 下列信号中,MF47 不能测量的是（　　　）。

A.电阻的阻值   B.直流电压

C.交流电压的有效值和频率   D.三极管的引脚

10. 下列关于数字万用表的说法,错误的是（　　　）。

A.交流电压挡的最高电压不能超过 750 V

B.在使用电压挡时,可以不用内部电池供电

C.测量直流电压和电流时,表笔可以不分极性

D.可以直接读数,无须计算

11.测量三极管的基极时,数字万用表应选择为( )。

    A.电阻挡 200 Ω   B.电阻挡 2 kΩ

    C.二极管挡   D.电阻挡 2 MΩ

12.如下图所示电路,若用 MF47 型 DC10 V 测量 R_2 两端应该为( )。

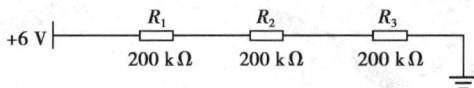

    A.4 V   B.2 V   C.6 V   D.1.2 V

13.如上图所示电路,若要测量 R_3 两端电压,请选择最合适万用表及量程是( )。

    A.指针式 DC10 V 挡   B.指针式 DC2.5 V 挡

    C.数字式 DC20 V 挡   D.数字式 DC200 mV 挡

14.MF47 型万用表电阻挡中,电压最高和输出电流最大的挡位是( )

    A.R×1 和 R×1 k   B.R×10 和 R×10 k

    C.R×100 和 R×10 k   D.R×10 k 和 R×1

15.当 MF47 型万用表的 9 V 电池的极性装反后,会产生的现象是( )。

    A.电压挡和电流挡无法正常工作

    B.电阻挡所有量程均不能正常工作

    C.不能对二极管的极性进行判断

    D.电阻挡的 R×10 k 挡不能正常工作

16.在用万用表测量 LED 的好坏或极性时应选用( )。

    A.MF47 型 DC50 V 挡   B.数字表 200 Ω 挡

    C.数字表二极管挡   D.MF47 型 R×1 k 挡

17.某同学用 MF47 型万用表测量直流电流时,发现指针反偏,应采取的措施是( )。

    A.将量程调小   B.将量程调大

    C.将表笔对调   D.将红表笔插孔换到 5 A

18.用指针式万用表测量交流电压时,将万用表转换开关旋转至交流电压量程 10 V 挡,表头指针偏转停止后,读数是 6,则被测电压的测量值为( )。(2014 年高考真题)

    A.0.6 V   B.6 V   C.60 V   D.600 V

19.使用指针万用表"×100"欧姆挡测量某电阻,发现指针偏转很小,正确的操作是( )。(2016 年高考真题)

    A.选择"×10"挡直接测量

    B.选择"×10"挡,电阻调零后再测量

    C.选择"×1 k"挡直接测量

    D.选择"×1 k"挡,电阻调零后再测量

20.下图为使用 MF47 型万用表交流电压 250 V 挡测量某交流电压的表盘指示,本次测量的交流电压实测值为( )。(2017 年高考真题)

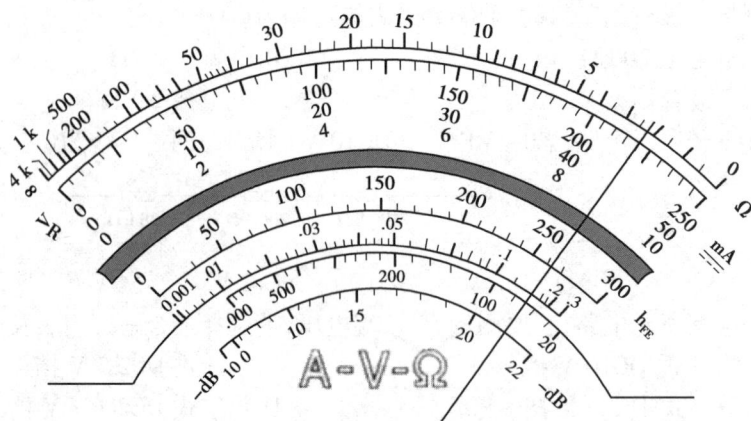

A.4.4 V　　　　　　B.8.8 V　　　　　　C.44 V　　　　　　D.220 V

21.用万用表测量某正弦交流电压,其测得值是(　　　)。(2018 年高考真题)

　　A.最大值　　　　　　　　　　　　B.有效值

　　C.平均值　　　　　　　　　　　　D.峰峰值

22.右图为万用表测量直流电压的原理电路图,
"a""b""c""d"分别表示不同的直流电压挡
位,其中最高直流电压挡位应是(　　　)。
(2019 年高考真题)

　　A."a"挡位

　　B."b"挡位

　　C."c"挡位

　　D."d"挡位

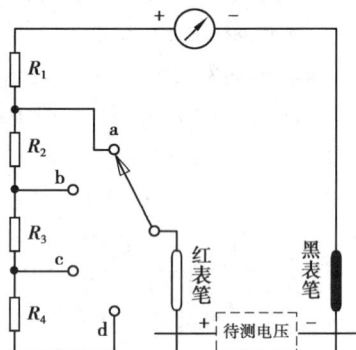

23.用数字万用表测量时,若显示屏上最高位显
示"1",而后面位都没有显示,则表示(　　　)。(2019 年高考真题)

　　A.被测量的值为 1　　　　　　　　B.测试量程选大了

　　C.测试量程选小了　　　　　　　　D.万用表没电了

24.MF47 型万用表使用广泛,但其不能测量(　　　)。

　　A.交流电压　　　　　　　　　　　B.直流电压

　　C.直流电流　　　　　　　　　　　D.交流电流

25.用万用表欧姆挡测量小功率晶体二极管的特性好坏时应把欧姆挡拨到(　　　)。

　　A.R×100 或 R×1 k　　　　　　　B.R×1 Ω

　　C.R×1 k　　　　　　　　　　　　D.以上都可以

26.指针式万用表的交流电压挡实质上是(　　　)。

　　A.均值电压表　　　　　　　　　　B.峰值电压表

　　C.有效值电压表　　　　　　　　　D.分贝电压表

三、判断题

1.指针式万用表的表头是一个灵敏度较高的电流表,电流可以从正极或负极流进,从负极或正极流出。 （ ）

2.MF47 型万用表可以测量直流电流,但不可以测量交流电流。 （ ）

3.指针式万用表的表头是交流电流表。 （ ）

4.用指针式万用表测量二极管,指针偏转角度大一次,黑表笔接的二极管的负极。 （ ）

5.用指针万用表的 R×1 k 测量电容器时,指针的偏转角度越大,表示容量越大,当指针偏过最大角度后,缓慢往左移动,说明此时电容已经开始放电。 （ ）

6.在测量电压时,由于数字万用表的内阻比指针万用表的内阻大,所以对数字万用表对被测量电路的影响将更小。 （ ）

7.在万用表中的交流电压测量电路中,两只二极管的作用是保护电路。 （ ）

8.MF47 型万用表电阻挡中,R×1 挡的电流最大,R×10 k 挡的电压最高。 （ ）

9.指针万用表和数字万用表在测量小电流时,红表笔均不用更换插孔。 （ ）

10.MF47 型万用表 DC10 V 挡的内阻为 200 k。 （ ）

11.用指针表电阻挡测量容量较大的电容时,必须对电容器放电后再进行测量。 （ ）

12.当数字万用表的液晶屏显示"1"时,说明测量完成。 （ ）

13.当数字万用表显示"BATT"或电池符号时,说明此时万用表内部电池的电量充足。 （ ）

14.万用表的交流电压挡能对正弦电压的有效值进行直接测量,不能直接测量三角波信号的有效值。 （ ）

15.可以利用万用表欧姆挡来准确测量设备绝缘电阻。 （ ）

16.多量程直流电流表一般都采用闭路式分流器。 （ ）

17.指针万用表的电压挡,量程越大,内阻越大,对电路的影响越小,所以在选择时挡位选得越好。 （ ）

18.电流表的挡位越大,其内阻也越大。 （ ）

19.实际的指针万用表在表头两端反向并联两只二极管用来进行对交流信号的整流。 （ ）

20.在用指针表电阻挡测量电容容量或测量三极管的放大倍数时,均应对相应的挡位进行欧姆调零。 （ ）

21.用 MF47 型指针万用表测量电池电压时,误将交流电压挡当成直流电压挡,红笔触正极、黑笔触负极,表指针是不会摆动的。 （ ）

22.当 UT802 型万用表采用外置电源供电时,应将电源选择开关置于"ADAPTER"。 （ ）

23.指针式万用表的黑表笔插孔接的是表内电池的负极。（2014 年高考真题）（ ）

24.使用指针万用表测量电阻,每次换挡后必须重新进行电阻调零。(2016 年高考真题)　　　　　　　　　　　　　　　　　　　　　　　　　　　　(　　)

25.使用指针式万用表测量直流电流时,需将万用表串联于待测电路中,红表笔接高电位,黑表笔接低电位。(2017 年高考真题)　　　　　　　　　　(　　)

26.指针式万用表红表笔插在"+"孔,黑表笔插在公共端"_."孔时,黑表笔是接内部电池的负极,红表笔接电池的正极。(2018 年高考真题)　　　　　　(　　)

27.用数字万用表测量直流电压时,必须将万用表红表笔接高电位端,黑表笔接低电位端。(2019 年高考真题)　　　　　　　　　　　　　　　　　　(　　)

28.指针万用表中黑表笔接内部电池的负极,红表笔接正极。　　　　　(　　)

29.电流表的内阻越大,伏特表的内阻越小,对测量电路的影响越小。　(　　)

四、简答题

1.写出用指针式万用表检测下列元件质量的方法。

(1)电位器

(2)变压器

2.写出用数字万用表检测下列器件质量的方法。

(1)二极管

(2)可控硅

(3)三极管

3.若下图中的静态电流为 15 mA,请你写出用数字万用表测该电流的步骤及方法,并在图中连上电流表。

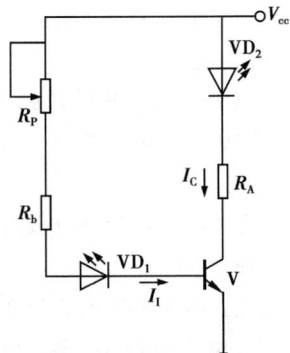

4.下图中的电源电压为 5 V,输入信号电压为 10 mV,请你写出用数字万用表测 U_{BE}、U_{CE} 电压的步骤及过程,并在图中连上相应的电压表。

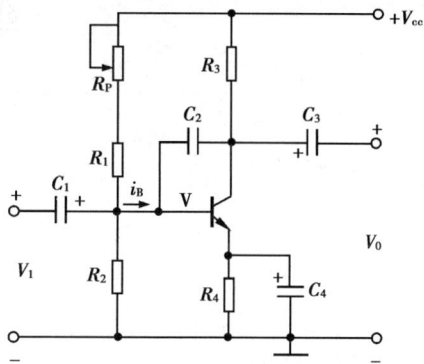

5.在下图中连线,使其成为万用表的交流电压挡。

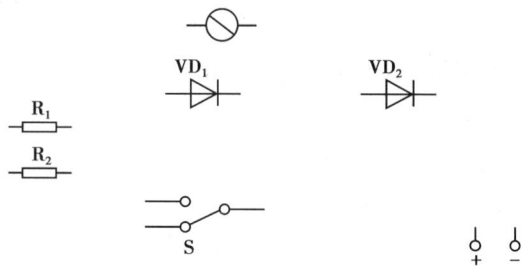

6.从外观来看,指针式万用表主要由哪几个部分组成?(2015 年高考真题)

五、实验题

如下图所示是测定电流表内阻的电路图,接通开关 S,调节电阻箱 R 的电阻值为 R_1,使电流表指针偏转到满刻度;再把电阻箱 R 的电阻值调至 R_2,使指针偏转到满刻度的一半,在电池内阻略去不计的情况下,电流表的内阻 R_g 等于多少?

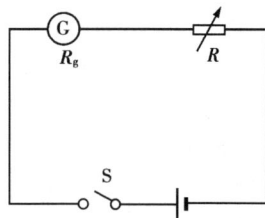

单元检测题

一、填空题

1.万用表表头的示意图如右图所示。

在正确操作的情况下：

①若选择开关的位置如箭头 A 所示，则测量的物理量是_____
____，测量结果为_____。

②若选择开关的位置如箭头 B 所示，则测量的物理量是_____
____，测量结果为_____。

③若选择开关的位置如箭头 C 所示，则测量的物理量是_____
____，测量结果为_____。

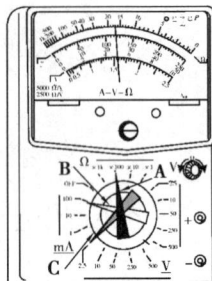

④若选择开关的位置如箭头 A 所示，正确操作后发现指针的偏转角很小，那么接下来的正确操作步骤应该依次为：

_____；

_____；

_____。

⑤全部测量结束后，应将选择开关拨到_____或者_____。

⑥无论用万用表进行何种测量（限于直流），电流都应该从_____色表笔经____
____插孔流入电表。

2.数字万用表测量电阻时，应将红表笔插入_____插孔，黑表笔插入_____
插孔。将量程开关置于_____的范围内并选择所需的量程位置。

3.测量电阻时，打开数字式万用表的电源，对表进行使用前的检查：将两表笔短接，显示屏应显示_____；将两表笔开路，显示屏应显示_____。以上两个显示都正常时，表明该表可以正常使用，否则将不能使用。

4.测量电阻时，应将两表笔分别接_____的两端即可。在测试时若显示屏显示溢出符号"1"，表明量程选的不合适，应改更换_____的量程进行测量；若显示值为_____表明被测电阻已经短路；在量程选择合适的情况下，若显示值为"1"表明被测电阻器的阻值为_____。

5.若测量一电阻器，量程转换开关置于"20 k"处，显示器上显示"12.54"，则所测电阻阻值为_____。

6.使用电压挡应注意以下几点：①选择合适的量程，当无法估计被测电压的大小时，应先选_____进行测试。②测量电压时，万用表要与被测电路形成_____关系。③测量较高的电压时，不论是直流，还是交流，都要禁止_____开关。④测量电压时不要超过所标示的_____。⑤在测量直流电压时,要把_____表笔接到被测电压的低电位端。⑥数字万用表虽有自动转换极性的功能,为避免测量误差的出现,进行直流测量时,应使_____的极性与_____的极性相对应。⑦当测量较高的电压时,不要用手直接去碰触表笔的_____部分。

7.测电压时,将红表笔插入_____插孔,黑表笔_____插入插孔。量程开关置于_____挡的合适量程位上。

8.若测量教室插座的电压时,量程转换开关置于"700"处,显示器上显示"233",则所测电压值为_____。

9.使用电流挡时应注意:应把数字万用表_____连接到被测电路中,如果被测电流大于20 A时,应将红表笔插入_____插孔,黑表笔插入_____插孔;如果被测电流小于200 mA时,应将红表笔插入_____插孔;如显示屏显示溢出符号"1",表示被测电流所选量程_____,这时应改换更_____的量程;在测量电流的过程中,不能拨动_____。

10.使用数字式万用表二极管挡时,将红表笔接被测二极管的_____极,黑表笔接测二极管的_____极,显示屏所显示的值是_____,其单位为_____。如果被测二极管是好的,正偏时,硅二极管的正向压降为_____mV,锗二极管的正向压降为_____mV,根据这一特点可以判断被测二极管是硅管,还是锗管。如果反接时,硅二极管与锗二极管均显示_____。测量时,若正反向均显示"000",表明被测二极管已经_____。若正反向均显示溢出符号"1",表明被测二极管内部已经_____。

11.数字万用表测量电容器时,应将红表笔插入_____插孔,黑表笔插入_____插孔;将量程开关置于_____的范围内并选择所需的量程位置;测量电容容量时应将电容器两表笔引脚_____,目的是_____。如果显示器上显示2.45,所用量程为20 μF时,说明被测电容器容量为_____。

12.当把量程转换开关置于"h_{FE}"时,三极管插入相应的插孔,显示器上显示"320",则该值为_____。

13.台式万用表是能精确自动测量_____、_____、_____、_____、_____的测试仪器。

14.UT802型台式万用表的面板结构包含_____、_____、_____、_____、_____、_____等。

二、选择题

1.万用表在使用时,必须(　　),以免造成误差。同时,还要注意到避免外界磁场对万用表的影响。

　A.水平放置　　　　B.垂直放置　　　　C.倾斜放置　　　　D.随意放置

2.万用表使用完毕,应将转换开关置于(　　)的最大挡。

　A.交流电流　　　　B.交流电压　　　　C.电流　　　　　　D.任何挡位都可以

3.万用表(　　)带电测量电阻,如果测量电容器时,应先该放电后再进行测量。

A.不能 　　　　B.能 　　　　C.A 和 B 　　　　D.没有规定

4.在量程挡位选择时,如果不能确定被测量的电流值,应该选择(　　)去测量。

A.任意量程 　　B.小量程 　　C.大量程 　　　D.不大不小量程

5.万用表是电压表、电流表、欧姆表共用一个表头组装而成的。下列说法中正确的是(　　)。

A.无论作电压表、电流表使用还是作欧姆表使用,内部都使用了电池

B.无论作电压表、电流表还是作欧姆表使用,红表笔的电势总是高于黑表笔的电势

C.无论作电压表、电流表还是作欧姆表使用,电流总是从红表笔流入,从黑表笔流出

D.以上说法均不正确

6.数字电压表显示位数越多,则(　　)。

A.测量范围越大 　　　　　　B.测量误差越小

C.过载能力越强 　　　　　　D.测量分辨力越高

7.使用指针式万用表测量大约为 12 V 的直流电压,下列判断和操作正确的是(　　)。

A.选用直流"10"挡位,红表笔接高电位,黑表笔接低电位

B.选用直流"10"挡位,黑表笔接高电位,红表笔接低电位

C.选用直流"50"挡位,红表笔接高电位,黑表笔接低电位

D.选用直流"50"挡位,黑表笔接高电位,红表笔接低电位

8.使用台式万用表测一个未知电流时,应先选(　　)挡,再根据测得值大小来切换量程开关。

A.200 mA 　　　B.10 A 　　　　C.200 μA 　　　D.20 mA

9.台式万用表的"F"挡是用来测量(　　)。

A.电阻 　　　　B.电流 　　　　C.电压 　　　　D.电容

10.台式万用电阻挡一共有(　　)个量程。

A.6 　　　　　B.5 　　　　　C.7 　　　　　D.4

三、判断题

1.在使用万用表之前,应先进行"机械调零",即在两表笔短接时,使万用表指针指在零电压或零电流的位置上。　　　　　　　　　　　　　　　　　　　　　　(　　)

2.在测量某一电量时,不能在测量的同时换挡,尤其是在测量高电压或大电流。
　　　　　　　　　　　　　　　　　　　　　　　　　　　　　　　　(　　)

3.万用表使用完毕,应将转换开关置于交流电压的最大挡或者 OFF 位置上。
　　　　　　　　　　　　　　　　　　　　　　　　　　　　　　　　(　　)

4.选择合适的倍率。在欧姆表测量电阻时,应选适当的倍率,使指针指示在中值附近。最好使刻度在 1/2 ~ 2/3 处的部分,这部分刻度比较精确。　　　　　(　　)

5.使用万用表电流挡测量电流时,应将万用表并联在被测电路中,因为只有并联才能使流过电流表的电流与被测支路电流相同。　　　　　　　　　　　（　　）

6.使用台式万用表测量高于直流 60 V 或者交流 30 V 以上的电压时,不必担心触电。
　　　　　　　　　　　　　　　　　　　　　　　　　　　（　　）

7.台式万用表不能测量交流电压。　　　　　　　　　　　　　（　　）

8.使用台式万用表测量交流电压时,必须区分表笔极性,否则会损坏万用表。（　　）

9.台式万用表使用完毕后量程挡位开关必须拨倒直流电压 1 000 V 挡。　（　　）

10.使用台式万用表测量二极管时,应按红正黑负进行测量。　　　（　　）

四、写出用万用表检测下列器件质量的方法

1.二极管

2.可控硅

3.三极管

4.变压器

5.电阻器

五、简答题

1.使用指针式万用表测量电阻时的注意事项有哪些?

2.使用指针式万用表测量直流电压的操作步骤是什么?

项目四　使用毫伏表

学习目标

（1）了解毫伏表的类型、作用；

（2）理解毫伏表的工作原理；

（3）掌握毫伏表的一般使用方法。

知识要点

1.毫伏表的作用及功能

（1）作用

毫伏表是一种用来测量正弦交流电压的交流电压表,主要用于测量毫伏级、微伏级交流电压,如压电陶瓷输出信号、热电偶信号、导线压降、电视机和收音机的天线输入的电压等。

晶体管交流毫伏表只能用来测量正弦交流电压有效值,不能测量直流电压和非正弦量交流电压的有效值(特殊信号的毫伏表除外)。

（2）功能

毫伏表具有测量交流电压、电平测试和监视输出 3 大功能。有的毫伏表可作放大器使用。

2.毫伏表的种类

按照所采用的电路元件不同,可分为电子管毫伏表、晶体管毫伏表、集成电路元件毫伏表。

根据电路组成方式不同,可分为放大—检波式毫伏表、检波—放大式毫伏表、外差式毫伏表。

按照测量电压频率高低不同,可分为直流毫伏表、音频毫伏表、视频毫伏表、高频毫伏表、超高频毫伏表。

按通路多少,可分为单路毫伏表和双通道毫伏表。

按显示方式不同,可分为指针式毫伏表和数字式毫伏表。

3.毫伏表的性能指标

毫伏表的性能指标主要有:交流电压测量范围、电压频率测量范围、测量电平范围、频率响应误差、固有误差、功率、分辨率等。

4.TVT-321 模拟毫伏表的使用

TVT-321 模拟毫伏表属于放大—检波式仪表,其面板由刻度盘、电源开关、机械调零旋钮、量程开关、电源指示及信号输入插孔构成。

TVT-321 测量信号电压的方法:

①水平放置仪器,检查指针是否处于零位,否则调节机械调零旋钮,使之指到零。

②将量程调到最大挡,将信号输入端短接,打开电源开关。

③将输入信号线接到被测点上,调节适当的量程使指针处于量程的 2/3 以上区域。

④读数。

⑤将量程开关旋转到最大挡,关机,取下信号连接线。

5.SM1030 型数字毫伏表的使用

(1)量程选择

SM1030 型全自动数字毫伏表属于放大—检波式仪表。在测量信号时,其量程选择可以是仪器自动选择,也可以是手动选择。

自动模式时,输入信号小于当前量程的 1/10 时,自动减小量程;当信号大于当前量程的 4/3 倍时,自动加大量程。

处于手动模式时,若发现欠压指示灯亮时,应减小量程;若发现过压指示灯亮时,应增大量程。

(2)操作步骤

①开机,仪器预热 30 min。

②选择输入信号的通道为 A 或 B,并在相应插孔接入信号连接。

③选择自动或手动模式。

④读数。

⑤关机,若关机后再开机需间隔 10 s。

6.使用毫伏表的注意事项

①交流毫伏表只能测量正弦信号的有效值,若要测量其他波形的信号应进行转换,其表达式为:

$$U_{\mathrm{X}} = 0.9\, K_{\mathrm{f}} U_{\mathrm{a}}$$

式中, U_{X} 为被测非正弦信号的实际有效值; U_{a} 为测量非正弦信号时仪器的示值; K_{f} 为转换系数,方波为 1,三角波为 1.15。

②测量时,一定要注意被测信号的频率是否在仪器的带宽以内;否则,测量出的信号无任何意义。

解题示例

例 1　用 TVT-321 型毫伏表测量信号发生器的输出电压,要求:(1)写出测量的步骤。(2)若测量信号为三角波信号,而指针位置不变,则三角波的信号有效值是多少?

解:（1）测量步骤:①水平放置仪器,检查指针是否处于零位。

②将量程调到最大挡,将信号输入端短接,打开电源开关。

③将输入信号线接到被测点上,调节量程为 3 V。

④测量出结果如下图所示,读为 1.9 V。

⑤将量程开关旋转到最大挡,关机,取下信号连接线。

（2）若测量信号为三角波信号,则其有效值为:

$$U_X = 0.9 K_f U_a = 0.9 \times 1.15 \times 1.9 \text{ V} = 1.97 \text{ V}$$

课堂练习题

一、填空题

1. 毫伏表可以测量正弦交流信号的_____值。其测量信号频率范围比普通万用表的范围要_____,其测量的信号幅度的下限比普通万用表_____。

2. 毫伏表按电路元件的不同,可分为_____毫伏表、_____毫伏表和集成电路元件毫伏表。

3. 音频毫伏表测量信号的频率范围是_____、视频毫伏表测量信号的频率范围是_____。

4. 放大—检波式交流毫伏表的工作原理是先对信号进行_____,再对信号进行_____,由于信号的频率范围受到放大器带宽的限制,所以一般只能做成_____毫伏表。

5. 检波—放大式交流毫伏表的工作原理是先对信号进行_____,再对信号进行_____。

6. 外差式交流毫伏表是先将被测信号变换为固定的_____信号,再进行_____、_____。其优点是测量信号的频率范围很高,可高达_____。

7. 数字式交流毫伏表的电路分为_____和_____两部分。

8. TVT-321 型毫伏表测量信号的频率范围是_____,测量信号的电压范围是_____,测量电平的范围是_____。

9.在测量电平时,测量值等于_____。

10.SM1030 型数字毫伏表,处于自动模式时,当输入信号小于当前量程的_____时,自动减小量程,当输入信号大于当前量程的_____倍时,自动增大量程。

11.SM1030 型数字毫伏表开机后,将默认处于_____测量状态,输入通道为_____通道,量程为_____。

12.SM1030 型数字毫伏表开机后应预热_____min。

二、选择题

1.以下电路中,测量信号的频率最高的是(　　　)。
　A.放大—检波式　B.检波—放大式　C.外差式　　　　D.内差式

2.交流毫伏表可以直接测量(　　　)的有效值。
　A.方波信号　　　B.正弦信号　　　C.三角波信号　　D.锯齿波信号

3.SM1030 型数字毫伏表,手动测量时的挡位是 3 V,被测正弦信号的峰峰值为 12 V 时,(　　　)指示灯将被点亮。
　A.自动　　　　　B.电源指示灯　　C.欠压　　　　　D.过压

4.TVT-321 型交流毫伏表属于(　　　)。
　A.放大—检波式　B.检波—放大式　C.外差式　　　　D.内差式

5.TVT-321 型交流毫伏表测量的频率范围为(　　　)。
　A.10 Hz~10 MHz　B.1 Hz~1 MHz　　C.10 Hz~1 MHz　　D.10 Hz~1 MHz

三、判断题

1.TVT-321 型交流毫伏表可以测量电视信号(高频信号)的有效值。　　　　　(　　　)

2.TVT-321 型交流毫伏表在测量方波信号,应将读出的值再乘以 0.9。　　　　(　　　)

3.TVT-321 型交流毫伏表在开机时,应将量程选到 1 mV 挡。　　　　　　　(　　　)

4.TVT-321 型交流毫伏表当量程选到 30 V 时,读数应读第一排。　　　　　(　　　)

5.TVT-321 型交流毫伏表在读数时为防止视觉误差,应让指针与反光镜中的指针重合。　　　　　　　　　　　　　　　　　　　　　　　　　　　　　　　　(　　　)

6.检波—放大式交流毫伏表的灵敏度较低,但频率范围较高。　　　　　　　(　　　)

7.SM1030 型交流数字毫伏表可以同时显示两个通道的测量结果。　　　　　(　　　)

8.SM1030 型交流数字毫伏表处于自动测量时,过压和欠压指示灯不会被点亮。
　　　　　　　　　　　　　　　　　　　　　　　　　　　　　　　　　　(　　　)

9.SM1030 型交流数字毫伏表的自动、欠压和过压指示灯,在测量时总有一个会被点亮。　　　　　　　　　　　　　　　　　　　　　　　　　　　　　　　　　(　　　)

10.SM1030 型交流数字毫伏表当过压指示灯点亮时,表明此时输入的信号已超过本机的最大允许值。　　　　　　　　　　　　　　　　　　　　　　　　　　　　(　　　)

11.晶体管毫伏表可以用来测量信号的频率。(2015 年高考真题)　　　　　(　　　)

四、简答题

1.毫伏表的量程开关置于最小量程时,当输入线(红、黑测试夹)处于开路状态,然而毫伏表有读数,这种现象正常吗? 是毫伏表坏了吗? 为什么?

2.正弦波信号出现了失真,此时还能用毫伏表进行测量吗?

3.毫伏表测量某电压时指针如下图所示,在操作正确的情况下:

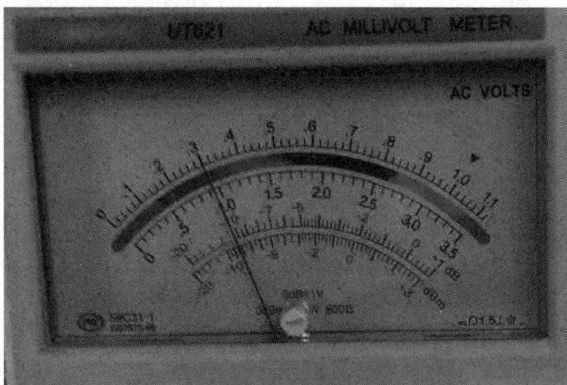

（1）当挡位选择的是 10 mV 时,测量值是_____。
（2）当挡位选择的是 3 V 时,测量值是_____。
（3）当挡位选择的是+40 dB 时,测量值是_____。

单元检测题

一、填空题

1.毫伏表具有测量_____、_____和监视输出三大功能。
2.毫伏表按显示方式可以分为_____毫伏表和_____毫伏表。
3.用 TVT-321 测量峰峰值为 28 V 的正弦信号,应选择的挡位是_____。
4.在使用 TVT-321 型毫伏表时,应首先检查指针是否处于_____,在测量时,黑色夹子应与被测电路的_____相接,红色夹子应与电路的_____相接。

5.数字毫伏表中 V/F 变换的意思是_____。

6.外差式电压表既有较高的_____,又有很高的_____。

7.TVT-321 型毫伏表测量信号电平时,其测量值 = _____ + _____,当量程选为 20 dB,指针为- 4 dB,则测量值为_____dB。

8.使用 SM1030 型毫伏表测量结果如下图所示,此时信号是由_____通道输入,其量程是_____,测量出信号的电压为_____mV。

9.指针式毫伏表的表盘值是按正弦波的_____进行刻度的。

10.在用毫伏表测量放大器的电压放大倍数时,应确保放大器的信号是_____波,且放大后的输出波形没有产生_____。

二、选择题

1.在使用指针式毫伏表的过程中,下列说法错误的是(　　　)。

　A.在通电前应检查是否需要调零

　B.通电前,应将挡位调到中间挡,这样可以快速调节到适合的挡位

　C.应尽量使指针处于表盘的 2/3 区域

　D.被测量信号频率应小于仪器的带宽

2.关于 SM1030 型毫伏表,下列说法不正确的是(　　　)。

　A.没有视觉读数误差　　　　　　B.可以自动选择量程

　C.可以测量 70 μV ~ 100 V 的电压　D.属于低频毫伏表

3.模拟式交流毫伏表有三种电路结构,其中信号灵敏度最低的一种是(　　　)。

　A.放大—检波式　　　　　　　　B.检波—放大式

　C.外差式　　　　　　　　　　　D.内差式

4.用 TVT-321 型毫伏表测量正弦信号的有效值,下列操作步骤正确的是(　　　)。

　①将输入夹子短接,将挡位调至最高挡,开机。　②检查是否需要机械调零。

　③将毫伏表接到被测点上。　④选择合适的量程。　⑤读数。　⑥将挡位调至最高挡,关机,取下与被测电路的连接线。

　A.①③⑤②⑥④　　　　　　　　B.①②④③⑤⑥

　C.②①③④⑤⑥　　　　　　　　D.②③①⑤④⑥

5.以下仪器中能直接测量频率为 10 kHz 正弦波信号的有效值的仪器是(　　　)。

　A.频率仪　　　　　　　　　　　B.信号发生器

　C.毫伏表　　　　　　　　　　　D.万用表

三、判断题

1.数字毫伏表输入通道的作用是将输入信号变为方波信号。　　　　（　　）

2.SM1030 型数字毫伏表手动测量的速度比自动测量的速度更快,更精确。　（　　）

3.TVT-321 型毫伏表只能测量交流信号,不能测量直流信号。　　（　　）

4.频率为 10 MHz 的正弦波信号不能用 TVT-321 来测量其有效值。　（　　）

5.SM1030 型数字毫伏表自动测量,过压指示灯亮,显示" ＊ ＊ ＊ V",表明信号幅度超过本机的测量范围。　　　　　　　　　　　　　　　　　　（　　）

6.可以用 TVT-321 型毫伏表测量市电的有效值。　　　　（　　）

7.1 B = 10 dB。　　　　　　　　　　　　　　　　　　（　　）

8.SM1030 型数字毫伏表自动测量时,手动调节量程的按键将失去作用。　（　　）

9.指针式毫伏表在开机后 10 s 内指针无规律摆动,是正常现象。　（　　）

10.SM1030 型数字毫伏表和 TVT-321 毫伏表的输入阻抗都是 10 MΩ。　（　　）

11.毫伏表既可以测量正弦信号的有效值,也可测量信号的频率。　（　　）

四、简答题

1.TVT-321 毫伏表在机壳后面有一个 GND MODE 开关,请问这个开关有什么作用,在什么情况下使用?

2.简述使用 SM1030 型数字毫伏表测量信号电压的操作步骤。

3.万用表在电压挡最小挡时,表笔处于开路状态,表针不会无规则摆动;而毫伏表处于电压最小的挡时,输入端开路,表针会无规则摆动。这两种仪表出现这种现象正常吗?为什么?

五、作图题

1.作出放大—检波式交流电压表的组成框图。

2.作出数字式毫伏表的组成框图。

六、应用题

　　如下图所示的分别是测量某放大器的输入输出信号的电压,问:当输入信号采用 1 V 挡,输出信号采用 30 V 挡时,分别读出此时的输入输出信号的值,并计算出电路的电压放大倍数;若放大器的输入信号是锯齿波,则此时输入输出信号的有效值是多少?

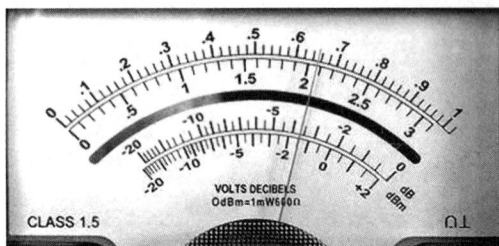 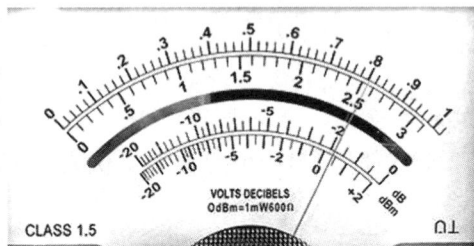

　　　　(a)输入信号　　　　　　　　　　　　　　(b)输出信号

项目五　使用示波器

学习目标

（1）了解示波器的功能及种类；

（2）理解示波器的组成及基本工作原理；

（3）掌握示波器各功能旋钮的作用；

（4）掌握示波器的基本使用方法。

（5）掌握使用示波器正确测量电信号，能计算、读取信号参数。

知识要点

1.示波器简介

（1）示波器的主要功能及用途

示波器就是一种能把随时间变化的、抽象的电信号用图像来显示的综合性电信号测量仪器。

示波器的主要测量内容包括：完成对电信号的电压幅度、周期、频率、相位等电量的检测；与传感器配合，还能完成对温度、速度、压力、振动等非电量的检测；还可以间接观测电路的有关参数及各种元器件的伏安特性。

示波器是观察电路实验现象、分析实验中的问题、测量实验结果必不可少的重要仪器，在电工、电子和电气测量领域具有广泛应用。

（2）示波器的分类

示波器按用途可分为：简易示波器、双踪（多踪）示波器、取样示波器、存储示波器、专用示波器等。

示波器按对信号的处理方式分为：模拟示波器、数字示波器。数字示波器也可以分为数字存储示波器（DSO）、数字荧光示波器（DPO）和采样示波器。

（3）示波器的特点

①能将电信号变化具体的波形图，使之便于观察、测量和分析。

②波形显示速度快，工作频率范围宽，灵敏度高，输入阻抗高。

③利用电路存储功能，可以观察瞬变的信号。

④配合传感器后，可以观察非电量的变化过程。

⑤一般来说,示波器体积较大,不便于携带。

2.模拟示波器的结构及原理

（1）面板的组成

YB4320 示波器属于模拟示波器,其面板分为电源控制部分、电子束控制部分、垂直（信号）控制部分、水平（时基）控制部分、触发控制部分及其他部分。

各个组成部分的功能,详见教材中的介绍。

（2）模拟示波器的结构

单踪模拟示波器的基本组成框图如下图所示,包括显示电路、垂直（y）放大及衰减电路、水平（x）放大及衰减电路、扫描与同步电路、电源电路。

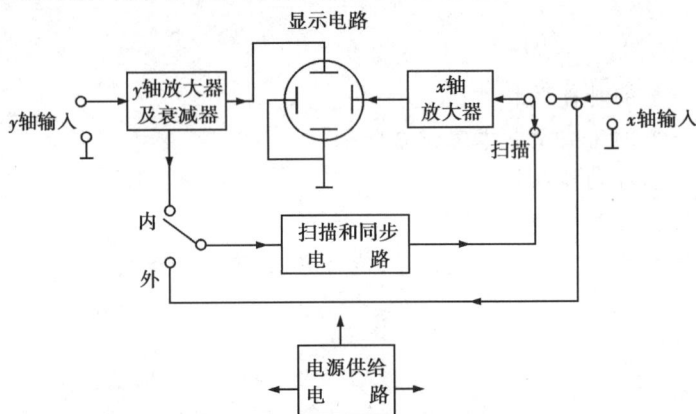

显示电路用于将电信号转换为光信号。其核心是示波管,它由电子枪、偏转系统（静电偏转）、荧光屏构成。

x/y 轴衰减器和放大器配合使用,可以满足对各种信号观测的要求。

扫描电路用于产生锯齿波电压。同步电路是为了保证波形能稳定地显示在荧光屏上,要求锯齿波电压信号的频率和被测信号的频率保持同步。

电源电路用于向各部分电路的提供工作电源。

（3）模拟示波器的工作原理

模拟示波器的基本原理是利用电子束轰击阴极射线管（CRT）,并使其发光。如果仅在 y 偏转板上加信号电压,将得到一条垂直亮线;如果仅在 x 偏转板上加锯齿波电压,将得到一条水平亮线;如果同时在 y 偏转板和 x 偏转板上分别加上信号电压和锯齿波电压,将到信号电压的图像。为了保证波形的稳定（同步）,要求信号电压的频率与扫描电压的频率成整数倍。

（4）双踪模拟示波器的原理

双踪模拟示波器在单踪示波器的基础上加上了一个专用电子开关,将两个通道的信号周期性地交替显示在荧光屏上,利用人眼的视觉惰性和荧光屏的余辉特性,来实现两种波形的同时显示,其基本原理如下图所示。当 x 扫描周期大于 40 ms 时,为避免波形闪烁,应让示波器处于断续扫描模式;当扫描周期小于 40 ms 时,应让示波器处于交替扫描模式。

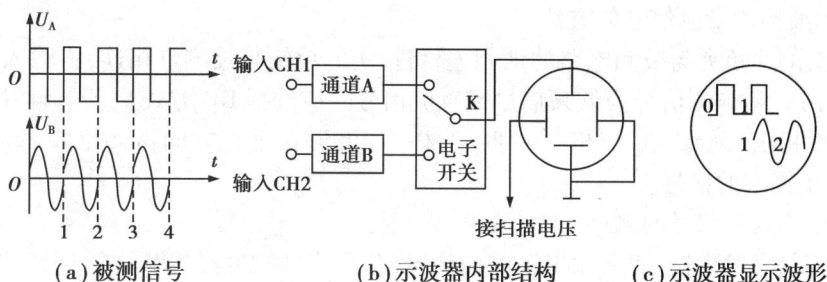

（a）被测信号　　　　　　（b）示波器内部结构　　　　（c）示波器显示波形

3.模拟示波器的使用

通电前,要检查电网电压是否与示波器要求的电源电压一致。通电后,需预热几分钟,再调整各旋钮。各旋钮应先大致旋在中间位置,以便找到被测信号波形。

模拟示波器的基本使用方法是:先获得扫描基线,再进行校准,然后进行电信号的测量。

（1）示波器获取基线的步骤及方法（以 CH1 通道为例）

①开机:打开电源主开关,电源指示灯亮,表示电源接通。

②设置通道的工作和输入耦合方式:将垂直通道的工作方式设为 CH1,且将 CH1 的输入耦合方式设为接地（GND）。

③调节辉度:将辉度旋钮顺时针调节,直到看见有亮光为此。

④选择触发方式:将触发方式设为自动,此时应该出现扫描基线。若此时还未出现基线,可以尝试下一步操作。

⑤调节垂直位移:找出扫描基线且调节旋钮使基线与水平轴重合。

⑥调节聚焦:旋转聚焦使水平基线最清晰（最细小）。

经过以上操作,能在屏幕上得到一条最清晰的水平扫描基线。示波器使用的第一步完成。

（2）示波器校准的步骤及方法

①探头的一端接示波器:将探头插入端口,且顺时针旋转,拧紧。

②接校准信号:将探头的另一端接在示波器的校准信号输出端。

③调节"电压/格"和"时间/格":将"电压/格"和"时间/格"分别调置到适当的位置,然后分别关闭 CH1 的电压微调和时间微调（将微调旋钮顺时针调到底）。

④调探头的补偿:用螺丝刀调节探头上的补偿调节,使其补偿适中。

具体操作方法如下:将探头接入 CH1 输入插孔,并与示波器的校准信号相连,并将探头的衰减开关置于×1,将电压格调到 0.5 V/div,时间调到 0.5 ms/div,此时波形应在垂直方向占 4 格,水平方向上 2 格;若垂直方向不刚好是 4 格,则要调节电压微调让其波形刚好为 4 格,若水平方向不刚好是 2 格,则要调节时间微调让其波形刚好为 2 格（一般情况下只需要将电压和时间微调顺时针调到底即可）。此时,观察信号是否为标准的方波信号,若在波形的突变部分不是 90°直角,则要调节探头补偿。

（3）示波器测量电信号的方法

将探头的鳄鱼夹与被测电路的地相连,将探头的拉钩与被测点相连,将输入耦合方式选为 AC 方式(若被测信号为低频信号或直流信号时应选择 DC 方式),调节触发源与触发电平让波形稳定,调节"电压/格"与"时间/格"让波形在垂直方向占 4 格左右,在水平上显示 2~5 个周期的信号。

●单个正弦波信号的测试

①调节信号发生器,使之输出正弦波信号,并将信号发生器与示波器 CH1 进行连接。

②设置"电压/格"和"时间/格",调节信号发生器的输出频率和电压及波形。

③调节示波器 CH1 通道的同步电平,使其显示稳定的正弦波图形。

④波形参数的计算方法。

信号幅度(电压)：U_{P-P} = 垂直格数 × 电压 / 格 × 探头衰减开关的值

信号周期：T = 一个周期的水平格数 × 时间 / 格

频率：$f = 1/T$

例如：如下图所示某信号电压的波形图,假设" V/div "置于 2 V/div," TIME/div "的置于 0.5 ms/div,则

电压：U_{P-P} = 2 V/div × 4 V/div = 8 V

周期：T = 6 div × 0.5 ms/div = 3 ms

频率：$f = \dfrac{1}{T} = 333$ Hz

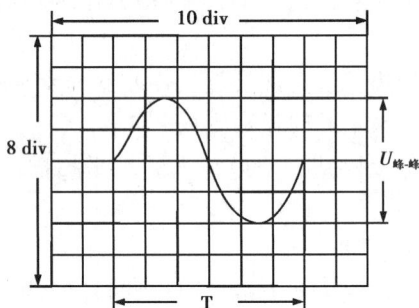

●双踪示波器测量两个同频正弦波的相位差

将一个待测信号输入示波器的 CH2 通道,另一个待测信号输入示波器的 CH2 通道,则两个待测信号间的相位差就转化为 CH2 与 CH2 间相位差 Φ,如下图所示。

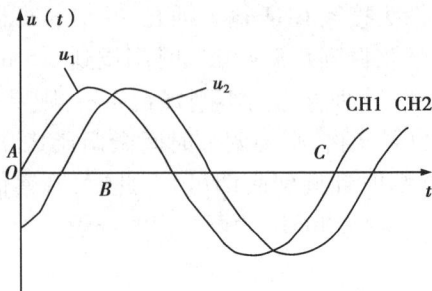

读出显示的长度值(格数),代入以下公式就可以计算出相位差 $\Delta\Phi$:

$$\Delta\Phi = \frac{AB}{AC} \times 360°$$

(4)注意事项

模拟示波器测试过程中,应注意以下问题:

①辉度。使用示波器时,亮点辉度要适中,不宜过亮,且光点不应长时间停留在同一点上,以免损坏荧光屏。

②聚焦。应使用光点聚焦,不要用扫描线聚焦。如果用扫描线聚焦,很可能只在垂直方式上聚焦,而在水平方向上并未聚焦。如下图所示显示方波时可能会出现这样的现象。

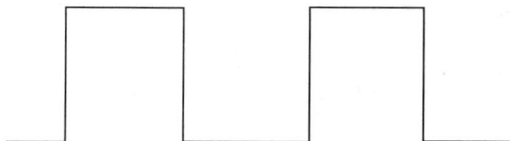

③测量。应在示波管屏幕的有效面积内进行测量,最好将波形的关键部位移至屏幕中心区域观测,这样可以避免因示波管的边缘弯曲而产生测量误差。

④探头。探头要专用,且使用前要校正。将示波器内部校正信号(方波信号)经探头接入通道,观察波形形状,不能出现欠补偿或者过补偿。

4.数字示波器

(1)数字示波器的特点

测量精度高,能够捕捉单次、瞬变的信号,测量低频信号无闪烁感,有多种方式触发方式和显示方式供选择,能自动完成参数的测量,能方便地与计算机进行连接等。

(2)数字示波器的组成

数字示波器主要由采样存储、读出显示、系统控制三大部分组成,其组成框图如下图所示。

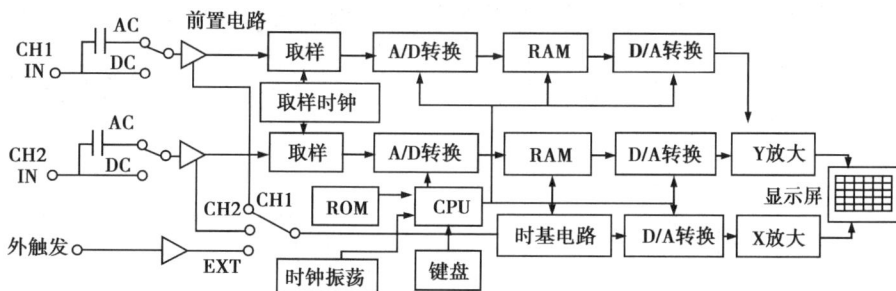

系统控制部分由键盘、只读存储器(ROM)、CPU、时钟振荡等电路组成。

取样存储部分主要由输入耦合电路、前置放大衰减电路、取样电路、A/D 转换及取样时钟电路构成。

读出显示部分由 D/A 转换器、Y 放大器、时基电路、X 放大器及显示屏构成。

(3)数字示波器的功能、校准及测量

YB54060 数字示波器各控制旋钮的功能和菜单功能,详见教材中的介绍。

数字示波器的校准:执行内部程序进行自动校准。

数字示波器测量信号的方法与模拟示波器测量信号的方法相同。参数读取可通相应的自动测量功能来完成。

(4)数字示波器的电压信号参数说明

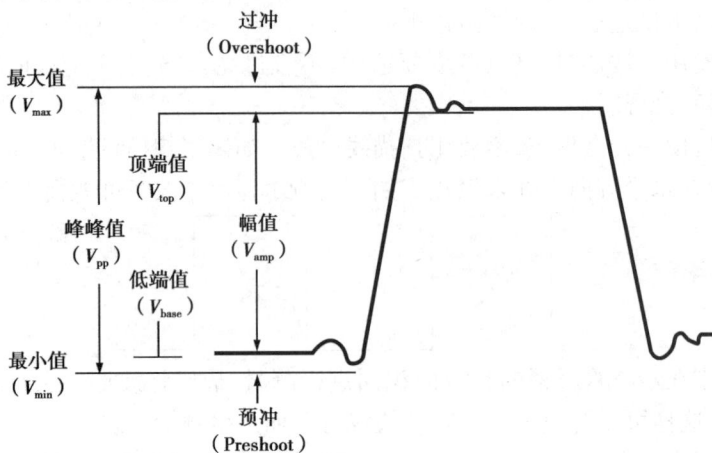

①峰峰值(V_{pp}):波形最高点波峰至最低点的电压值。

②最大值(V_{max}):波形最高点至 GND(地)的电压值。

③最小值(V_{min}):波形最低点至 GND(地)的电压值。

④幅值(V_{amp}):波形顶端至底端的电压值。

⑤顶端值(V_{top}):波形平顶至 GND(地)的电压值。

⑥底端值(V_{base}):波形平底至 GND(地)的电压值。

⑦过冲(Overshoot):波形最大值与顶端值之差与幅值的比值。

⑧预冲(Preshoot):波形最小值与底端值之差与幅值的比值。

⑨平均值(Average):单位时间内信号的平均幅值。

⑩有效值:依据交流信号在单位时间内所换算产生的能量,对应于产生等值能量的直流电压,即均方根值。

(5)数字示波器的时间参数说明

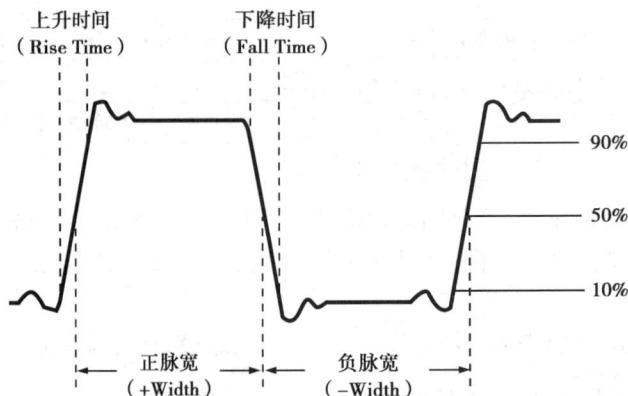

①上升时间(Rise Time):波形幅度从 10% 上升至 90% 所经历的时间。

②下降时间(Fall Time):波形幅度从90%下降至10%所经历的时间。

③正脉宽(+Width):正脉冲在50%幅度时的脉冲宽度。

④负脉宽(-Width):负脉冲在50%幅度时的脉冲宽度。

⑤延迟1 2(Delay1 2):通道1、正道2相对于上升沿的延时。

⑥延迟1 2(Delay1 2):通道1、正道2相对于下降沿的延时。

⑦正占空比(+Duty):正脉宽与周期的比值。

⑧负占空比(-Duty):负脉宽与周期的比值。

5.示波器使用方法指导

①通用示波器通过调节亮度和聚焦旋钮使光点直径最小以使波形清晰,减小测试误差。

②示波器为非平衡式仪表,探头的黑夹子应接地,并且接线时先接黑夹子后接探头,拆线时相反。

③在只使用一个通道情况下,触发源(Source)的选择应与所用通道一致。

④在使用两个通道观察两路波形时,首先根据所观察信号的频率选择显示方式为ALT或CHOP,然后根据两路信号的关系选择触发源Source。具体方法是如果两路信号有一定的关系,比如要同时观察电路的输入输出信号,则必须选择两个信号之一。一般选择周期较大或幅度较大的一个作为触发源,这样才能观察到两路信号的相位关系。如果两路信号无关系,例如一路是示波器的校准信号,另一路是信号源的输出,则触发源要选VERT才容易观察到两路稳定的波形,但此时示波器的显示不能体现两路信号的相位关系。

⑤观察两路信号的相位关系时要确认任何一通道都没有选择"反相"(INV)功能。

⑥为保证波形稳定显示,在正确选择了触发源的前提下,还应注意调节触发电平旋钮(LEVEL)。

⑦示波器的触发方式应选自动(AUTO)。

⑧示波器输入耦合方式一般选择DC方式,并注意使用GND确定各通道"基线"即零电平的位置。

⑨示波器显示波形时,水平方向一般应调到2~3个周期,垂直方向则应调到波形的高度占到满屏的2/3或一半以上。

⑩在定量测量时,读取电压幅值时应检查VOLTS/DIV开关上的微调旋钮是否选校准位置(CAL),读取周期时应检查SWEEP TIME/DIV开关上的微调旋钮是否选校准位置(CAL),否则读数是错误的。

⑪读取电压幅值时应检查探头是否是10:1衰减探头,若是10:1衰减探头,所测真实值应为读数×10。

⑫不要使示波器长时间停留于X-Y方式,这样光点停留在一点不动,会使电子束长时间轰击屏幕一点,在荧光屏上形成暗斑,损坏荧光屏。

由于各个学校配置的示波器型号不尽相同,同学们应根据具体示波器的型号灵活运用。

解题示例

1.解题方法指导

①要正确完成"示波器使用"的习题,必须熟悉示波器各旋钮开关及按键的名称、作用,且会亲自动手使用示波器。

②关于"示波器使用"的习题,主要题型有各旋钮开关、按键的作用及使用方法,电信号测试步骤及操作方法,波形图的识读分析与计算,示波器的组成,在测试过程中可能出现的异常故障的处理等。这些习题,同学们只要认真审题与分析,结合书本知识及实训练习,是可以轻松完成的。

2.典型例题

例 1 在右图中,若时间/格为 1 ms/div,电压/格为 2 V/div,探头未衰减,水平方向未扩展,请计算该信号的频率和有效值。

分析: 模拟示波器不能直接测量出信号的频率,只能通过测量周期 $f = 1/T$ 计算出信号的频率。也不能直接测量信号的有效值,只能测量峰峰值在计算出有效值。

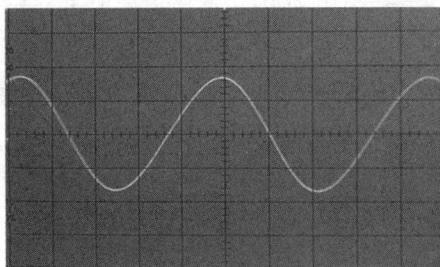

解:(1)读图可知,一个周期信号所占格数(水平格数)为 4.7 div,则

$T = 4.7\ \text{div} \times 1\ \text{ms/div} = 4.7\ \text{ms}$

$f = 1/T = 212.8\ \text{Hz}$

(2)读图可知,电压信号的幅度(垂直格数)为 3.4 div,则

$U_{\text{P-P}} = 3.4\ \text{div} \times 2\ \text{V/div} = 6.8\ \text{V}$

$U = U_{\text{P-P}} \times 0.5 \times 0.707 = 2.4\ \text{V}$

例 2 用示波器测量一放大电路的输入(CH2)、输出(CH1)信号如右图所示,计算:①输入输出信号有效值及电路的电压放大倍数;②计算信号的周期、频率及相位差。

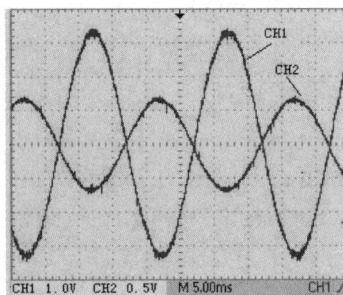

解:①输入信号峰峰值:$U_{\text{ipp}} = 3.2\ \text{div} \times 0.5\ \text{V/div} = 1.6\ \text{V}$

有效值:$U_{\text{i}} = 1.6\ \text{V} \div 2 \times 0.707 = 0.56\ \text{V}$

输出信号峰峰值:$U_{\text{opp}} = 6.8\ \text{div} \times 1\ \text{V/div} = 6.8\ \text{V}$

有效值:$U_{\text{i}} = 6.8\ \text{V} \div 2 \times 0.707 = 2.4\ \text{V}$

电路的电压放大倍数:$A_{\text{u}} = U_{\text{opp}} / U_{\text{ipp}} = 6.8/1.6 = 4.25$

②信号的周期:$T = 4 \times 5\ \text{ms/div} = 20\ \text{ms}$

周期:$f = 1/T = 1/20\ \text{ms} = 50\ \text{Hz}$

计算相位差:一个周期信号占 4 div,则每格代表 90°,两个信号相位相差 2 div,所以这

两个信号的相位差 $\Delta\Phi=2$ div×90°div=180°

③被测放大电路的电压放大倍数为 4.25 倍,放大信号的频率为 50 Hz,输入输出信号相位相反。

例 3　示波器的屏上显示的是一亮度很低、线条较粗且模糊不清的波形。

①若要增大显示波形的亮度,应调节_____。

②若要屏上波形线条变细且边缘清晰,应调节_____。

③若要将波形曲线调至屏中央,应调节_____与_____旋钮。

分析:本题中的几个问题是我们在实际操作时最容易遇到的,主要考查学生对示波器常用旋钮的作用是否掌握。辉度旋钮用于调节亮度,聚焦旋钮用来调节清晰度,若要图像平移可调节竖直位移(上下移动)和水平位移(左右移动)。

答:①辉度。

②聚焦。

③竖直位移、水平位移。

例 4　示波器使用结束时应注意及时关机,关机的下列操作顺序正确的是(　　)。

A.先断开电源开关,再将"辉度调节"旋钮逆时针转到底

B.先断开电源开关,再将"辉度调节"旋钮顺时针转到底

C.先将"辉度调节"旋钮逆时针转到底,再断开电源开关

D.先将"辉度调节"旋钮顺时针转到底,再断开电源开关

分析:关机时应先将辉度旋钮旋到亮度最小处,即逆时针转到底。

答:C

例 5　若将变压器输出的交流信号按下图甲所示与示波器连接,对示波器调节后,在荧光屏上出现的波形应为下图乙所示 4 种波形中的哪一种?

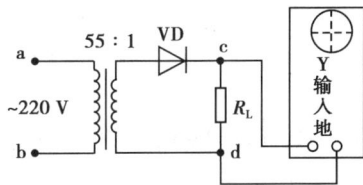

(甲)

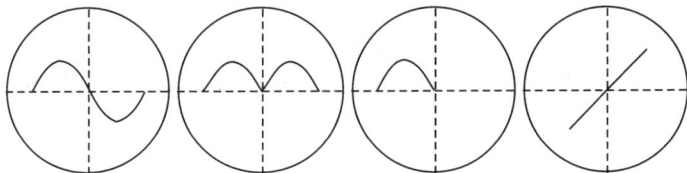

(乙)

分析:交流电经过变压器后,仍为同频率的交变电流,图甲是一个二极管半波整流电路,根据电子技术基础与技能所学知识,二极管具有单向导电性,一个周期内只有半个周

期的电压通过,因此,示波器显示的波形应为半个正弦波。

答: 根据二极管半波整流电路的特性,图乙中的 C 是荧光屏上应该出现的波形。

课堂练习题

一、填空题

1.示波器按对信号的处理方式可以分为_____和_____。

2.示波器测量的信号是_____域信号,都是时间的函数。X 轴代表_____。

3.模拟单踪示波器的组成部分有_____、_____、扫描与同步、电源电路。

4._____是模拟示波器的核心,属于一种特殊的_____。

5.调节聚焦按钮可以控制波形的_____度。

6.用模拟双踪示波器的双踪功能观测同频率度的正弦信号,(正弦信号的频率约为 20 Hz)应采用的扫描方式是_____。

7.模拟示波器信号输入耦合方式有_____、_____、_____ 3 种,用双踪示波器观测频率为 10 Hz 的正弦信号,应采用的输入耦合方式是_____。

8.在示波器的水平偏转板加上锯齿波电压在荧光屏上将得到一条_____亮线,仅在垂直偏转板上加信号电压在荧光屏上将得到一条_____亮线。

9.扫描电路产生的是_____波电压,其作用是在水平方向上形成_____。

10.为使荧光屏上的图像稳定,被测信号电压的频率与锯齿波电压的频率保持_____的关系,即 $T_x = nT_y$。

11.模拟双踪示波器的工作方式有_____、_____、_____和叠加。

12.调节辉度旋钮可以控制波形的_____。

13.双踪示波器有_____和_____两种双踪显示方式,测量频率较低信号时应使用其中的_____方式。

14.模拟双踪示波器要实现 CH1 与 CH2 的信号相减,垂直工作模式应选为_____,还要将 CH2 通道中的_____键按下。

15.示波器测量一个波形时,当水平扫描时间系数调节越小时,此时波形将在水平方向上被_____。当垂直衰减旋钮调得越大时,此时波形将垂直方向上被_____。

16.当被测信号从 CH1 端输入时,触发源应选为_____。

17.在没有信号输入时,示波器上都能看到一条水平亮线,则说明触发方式是_____方式,当没有信号输入或波形不同步时,屏幕无任何显示,则说明触发方式是_____方式。

18.若发现示波器上的波形不同步时,首先应检查_____,其次应调节_____旋钮。

19.用万用表测得变压器输出电压为 10 V,若用示波器测量,当垂直衰减旋钮处于 5 V/div 时,波形的峰峰值在屏幕上所占的格数为_____(探头衰减开关置于×1)格。

20.被测信号的一个周期在水平方向上占 4 格,水平扫描时间为 50 μs,求出其周期为_____ms,频率 f 为_____Hz,若其高电平占 2.4 格,则其高电平时间为_____μs,低电平时间为_____μs,占空比为_____。

21.交替触发适用于,同时观察两个_____的信号。若观察的两个信号_____时,此键不能按下。

22.示波器在测量信号时,探头的鳄鱼夹应与被测电路的_____相连,拉钩应与被测_____相连,一般情况下,将探头的衰减开关置于_____位置,此时示波器的阻抗为 1 MΩ。

23.一测量波形如下图所示,当水平扫描旋钮处于 1 ms 时,该信号的周期为_____ms,信号的频率为_____Hz。当垂直衰减旋钮处于 1 V 时,该信号的峰值为_____V,信号的峰峰值为_____V,若将探头衰减开关打到×10,此时信号的峰值应在垂直方向上占_____格。

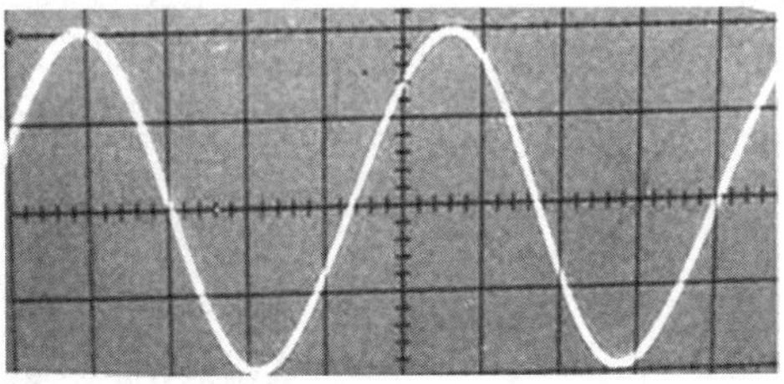

24.如右图所示波形,此时 X-Y 键是处于_____状态,此功能称为_____图,主要用于比较两个信号的_____和_____。

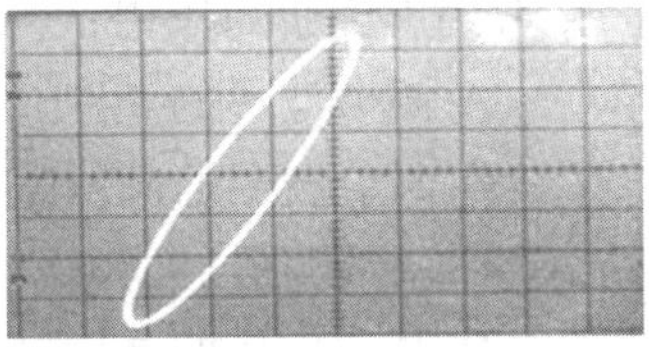

25.在测量直流稳压电源的输出电压时,应将输入耦合方式置于_____方式,在读数时,应先记住_____的位置。

26.数字示波器由_____、_____和系统控制 3 部分组成。

27.在我们国家使用数字示波器时,应将电源选择开关置于_____V 挡,若此开关选错了,极易造成仪器烧坏。

28.在用数字示波器测量正弦信号的有效值时,应选择测量菜单中的_____选项。

29.数字示波器测量菜单中的"平均值"是指信号的_____,正弦波信号的平均值为_____。

30.矩形波信号的占空比是指_____。

31.DS1072E-EDU 型数字示波器的面板主要由显示屏、菜单操作键_____、_____、_____、_____、_____、_____、_____、校准信号等部分组成。

32.DS1072E-EDU 型数字示波器具有_____种自动测量功能。

33.模拟示波器由显示电路、电源电路、水平放大及衰减电路、扫描与同步电路和_____组成。(2015 年高考真题)

34.为了实现双踪测量,人们在单踪示波器的基础上增设了一个_____开关。

35.在进行水平扫描时间校准时,应将扫描时间校准旋钮_____时针旋到底。

36.示波器屏上显示的是一亮度很低、线条较粗且模糊不清的波形,若要增大显示波形的亮度应调节_____。

二、选择题

1.已知被测信号是频率为 10 Hz 的方波信号,请你选择合适的输入耦合方式。
( )
 A.DC 方式   B.AC 方式
 C.GND 方式   D.叠加

2.测得一信号在垂直方向上超出屏幕的两端,下列做法正确的是( )。
 A.调节垂直位移旋钮   B.调节水平扫描时间旋钮
 C.调节垂直微调旋钮   D.调节垂直衰减旋钮

3.若读出右图中波形的峰峰为 20 V,则说明垂直衰减旋处于( )。
 A.2 V/div
 B.5 V/div
 C.1 V/div
 D.0.5 V/div

4.聚焦旋钮的作用是( )。
 A.调节波形的亮度
 B.调节波形的倾斜度
 C.调节波形的清晰度
 D.调节信号的灵敏度

5.为比较分压式偏置电路的输入输出信号的幅度及相位时,应将垂直方式选为
( )。
 A.CH1   B.CH2   C.双踪   D.叠加

6.若仅在垂直偏转板上加直流电压,则示波器上得到的是( )。
 A.水平亮线
 B.垂直亮线
 C.发生垂直位移的一个光点
 D.发生水平位移的一个光点

7.当屏幕上出现如右图所示的波形时,以下说法正确是( )。
 A.波形不同步,应首先调节垂直衰减旋钮
 B.波形正常
 C.波形不同步,应首先调节同步电平旋钮
 D.波形不同步,应首先调节触发源

8.下列不属于模拟示波器的显示电路的是(　　　)。

　A.电子枪　　　　　　　　　　　　　B.荧光屏

　C.偏转系统　　　　　　　　　　　　D.扫描与同步电路

9.下列不属于模拟示波器的电子束控制部分的旋钮的是(　　　)。

　A.时间微调　　　　　　　　　　　　B.辉度

　C.聚焦　　　　　　　　　　　　　　D.光迹旋转

10.如上图所示波形图的周期与峰峰值为 (　　　)。

　A. $T = 10\ \mu s$　　$U_{P\text{-}P} = 500\ mV$　　　　B. $T = 24\ \mu s$　　$U_{P\text{-}P} = 1.15\ V$

　C. $T = 24\ \mu s$　　$U_{P\text{-}P} = 2.3\ V$　　　　D. $T = 12\ \mu s$　　$U_{P\text{-}P} = 2.3\ V$

11.模拟示波器面板上用于调节被测波形亮度的旋钮是(　　　)。(2015 年高考真题)

　A.辉度　　　　　B.聚焦　　　　　C.光迹旋转　　　　　D.电平

12.示波器本身产生的校准信号为(　　　)。(2016 年高考真题)

　A.正弦波　　　　　B.方波　　　　　C.锯齿波　　　　　D.三角波

13.下图中,YB4320 示波器正确的校准信号波形图是(　　　)。(2017 年高考真题)

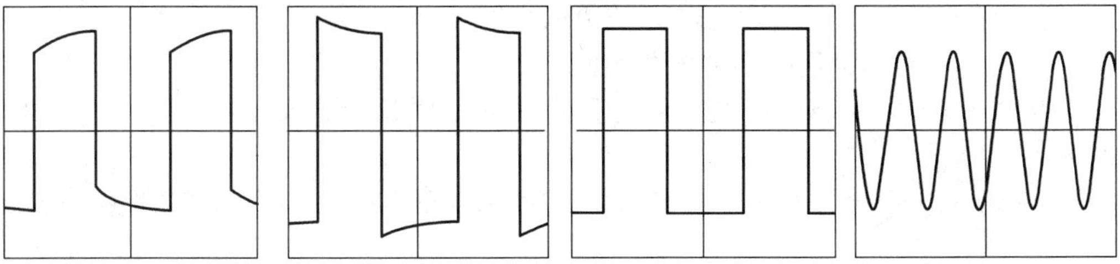

　A.　　　　　　　　B.　　　　　　　　C.　　　　　　　　D.

14.要使示波器显示波形向上移动,应调节的是(　　　)。(2018 年高考真题)

　A.垂直衰减调节旋钮　　　　　　　　B.水平位移旋钮

　C.垂直位移旋钮　　　　　　　　　　D.触发电平调节旋钮

15.要使 YB4320 示波器荧光屏显示的波形周期个数改变,应调节的是(　　　)。
(2019 年高考真题)

　A.水平扫描时间系数调节旋钮　　　　B.垂直衰减调节旋钮

　C.垂直位移旋钮　　　　　　　　　　D.水平位移旋钮

16.使用模拟示波器测量某一信号时,发现信号波形从左向右缓慢移动,最有可能造
成这种现象的原因是(　　　)。

　A.垂直衰减调节(V/div)挡位选择过大

　B.水平扫描时间系数调节(T/div)挡位选择过小

　C.聚焦旋钮没有调好

　D.触发电平没有调好或者触发源选择不对

17.使用模拟示波器测量时,触发方式分别选择为什么时,屏幕显示一条亮线或屏幕
不显示亮线(　　　)。

　A.自动(AUTO)、常态(NORM)　　　　B.自动(AUTO)、TV-V

C.常态(NORM)、TV-H　　　　　　　　　D.常态(NORM)、自动(AUTO)

18.当示波器触发源选择为 EXT 时,触发信号来自(　　　)。

　　A.水平系统　　　　B.垂直系统　　　　C.电源　　　　　　D.外接输入

19.小王用示波器观察三角波信号,发现波形缓缓地从右向左移,已知示波器良好,调节(　　　)旋钮可以解决问题。

　　A.垂直偏转灵敏度粗调(V/div)　　　　B.扫描速率粗调(S/div)

　　C.聚焦、亮度　　　　　　　　　　　　D.触发电平、触发源选择

20.模拟示波器中按下"×5"键表示(　　　)。

　　A.每格的扫描时间是水平扫描时间旋钮显示值的1/5

　　B.每格的扫描时间是水平扫描时间旋钮显示值的5倍

　　C.每格的幅度是垂直衰减旋钮显示值的1/5

　　D.每格的幅度是垂直衰减旋钮显示值的5倍

三、判断题

1.水平位移旋钮可以调节波形在垂直方向的位移。　　　　　　　　　　　(　　　)

2.调节垂直位移旋钮可以让波形发生倾斜。　　　　　　　　　　　　　　(　　　)

3.当输入方式耦合 AC/DC 键处于按下时,表示此时只能输入直流信号,不能输入交流信号。　　　　　　　　　　　　　　　　　　　　　　　　　　　　　　(　　　)

4.当数字示波器的"运行/停止"键按下一次时,屏幕上显示的波形为实时输入波形。

　　　　　　　　　　　　　　　　　　　　　　　　　　　　　　　　　(　　　)

5.模拟示波器的偏转系统采用的是静电偏转系统。　　　　　　　　　　　(　　　)

6.当显示屏上的波形缓慢左移时,说明扫描电压的周期 T_x 大于信号电压周期 T_y。

　　　　　　　　　　　　　　　　　　　　　　　　　　　　　　　　　(　　　)

7.当探头开关打到×10 时,读出的电压幅度将要乘以 10,此时示波器的阻抗为 10 MΩ。　　　　　　　　　　　　　　　　　　　　　　　　　　　　　　(　　　)

8.模拟双踪示波器 YB4320 的"断续"按键是属于 CH2 通道的按键。　　(　　　)

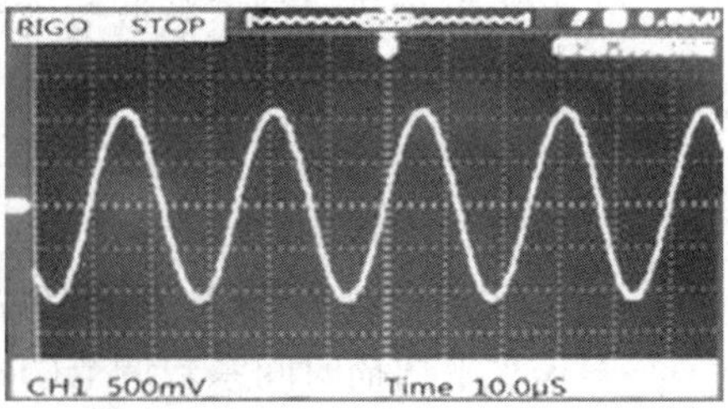

9.在右图中,此时示波器处于停止采样状态,屏幕上显示的是存储的波形。　　　　　　(　　　)

10.将数字示波器的带宽限制(BW = 20 M)打开,此时示波器将无法测量高于 20 MHz 的信号。　　　　　　　　　(　　　)

11.为了保证波形同步,模拟示波器触发源选择必须与输入通道一致。(2015 年高考真题)　　　　　　　　　　　　　　　　　　　　　　　　　(　　　)

12.用示波器测量正弦信号时,应将输入耦合方式选择为"AC"。(2016 年高考真题)

　　　　　　　　　　　　　　　　　　　　　　　　　　　　　　　　　(　　　)

13.模拟示波器的辉度旋钮是用来调节波形明暗度的。(2017 年高考真题)　(　　　)

14.要用模拟示波器准确地测量信号周期,在测量前必须将扫描微调旋钮置于"校准"

位置。(2018 年高考真题) ( )

15.为了避免示波器的测量误差,测量前需对其探头进行校准。(2019 年高考真题)

( )

16.示波器的外壳与被测量信号电压应有公共的接地点。同时,为了防止引入干扰,尽量使用探头进行测量。 ( )

17.在双踪显示时,若被测信号频率较高,将"交替/断续"键压下,可避免波形的闪烁。

( )

18.所有示波器中都设有同步装置,只要按照需要来选择适当的触发信号,便可使被测信号与锯齿波扫描保持同步,实现波形的稳定。 ( )

19.在示波器测量中,若显示波形不在荧光屏有效面积内,可通过 X 位移旋钮对被测波形幅度进行调节。 ( )

20.在模拟示波器中,DC 直流耦合方式适用高频信号的测量。 ( )

21.用示波器测量交直流电的混合电压时,应把输入耦合开关置于 DC 位置。 ( )

22.电子示波器既可以用来显示被测信号波形,也可以用来测量被测信号的电压和电流。 ( )

四、作图题

1.请作出模拟双踪示波器的组成框图。

2.一同学将示波器的工作方式设为 X-Y,在 CH1 和 CH2 输入的波形如右图所示,请你作出此时示波器上的波形。

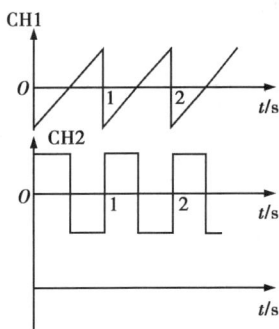

3.试画出数字示波器的组成框图。

4.某同学使用数字示波器测量某电信号的波形如下图所示,这名同学使用的是_____通道,水平扫描时间挡是_____,垂直衰减挡位是_____信号的波形是_____,峰峰值是_____、周期是_____、占空比是_____。

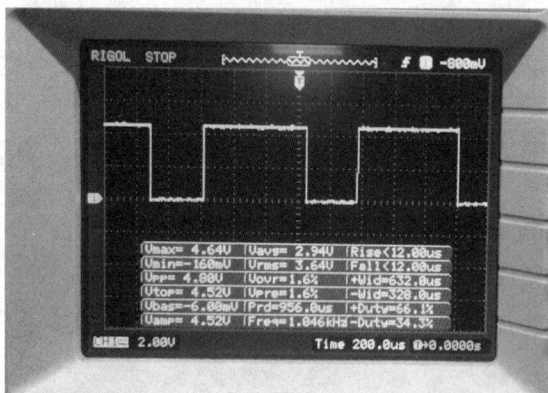

五、简答题

1.简述示波器基线调节的方法。

2.用模拟双踪示波器比较两个信号,什么情况应选交替方式? 什么情况下选用断续方式?

3.与模拟示波器相比,数字示波器有什么优点?

4.试说明数字示波器在测量低频信号时为什么不会出现闪烁感?

5.简述波形不同步的原因。在实际使用中怎么能使波形同步?

6.已知被测信号是一个正弦波信号,但实际测量出来却出现如下图所示的波形,请你找出正确的解决方法,以便能显示正常的正弦信号。

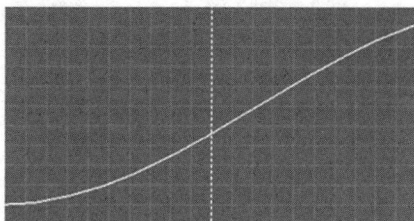

六、计算题

1.测得两个信号的波形如下图所示,已知 CH1 的电压衰减为 1 V/div,CH2 的电压衰减系数为 0.5 V/div,扫描时间为 1 ms/div,求:(1)信号的频率;(2)两个信号的峰峰值和有效值;(3)两个信号的相位差。

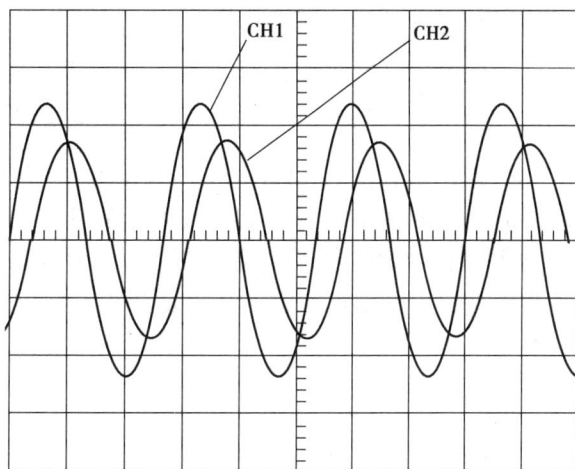

2.测得一信号波形如下图所示,计算出信号的峰峰值、周期、频率、高电平时间、低电平时间及占空比。

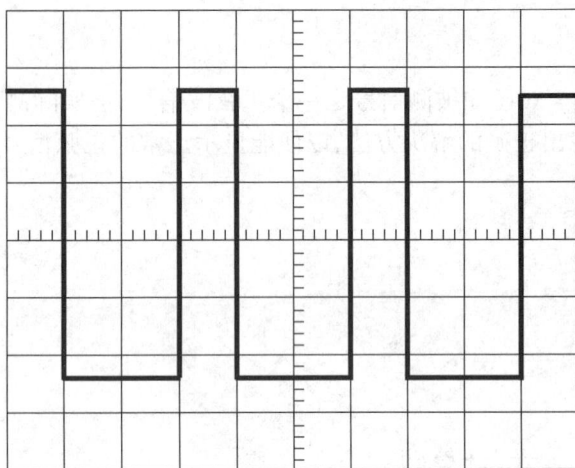

CH1　　1.00 V　　　　　　M　250 μ

3.用模拟双踪示波器 YB4320 测量出两个信号的波形如下图所示,水平扫描系数为 1 ms/div,CH1 通道的垂直衰减系数为 1 V/div,CH2 通道的垂直衰减系数为 0.5 V/div。问:(1)两个信号的周期、频率各为多少? (2)两个通道信号的峰峰值? (3)CH1 通道的有效值是多少? CH2 通道的负占空比是多少? (4)在测量这两个波形时,交替触发按键处于什么状态?

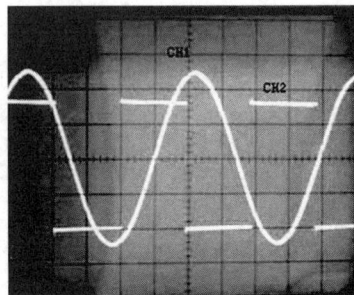

4.下图为示波器测出信号的波形,探头衰减开关拨到×1,设置的垂直衰减为 0.5 V/div,设置的水平扫描时间系数为 2 ms/div。计算波形的参数:电压峰峰值 U_{P-P}、电压有效值 U、周期 T 和频率 f。(2014 年高考真题)

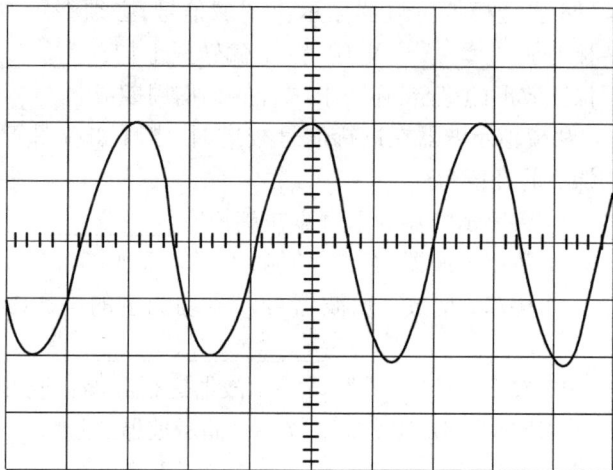

单元检测题

一、填空题

1.模拟双踪示波器的面板由_____、_____、_____、电源控制部分和其他控制部分组成。

2.能控制示波器波形左右移动的旋钮是_____。

3.当示波器的触发信号由外部电路向示波器输入时,触发源应选择为_____。

4.当需要将一个波形展宽时,应将水平扫描系数旋钮往_____调节,此时扫描的周期将_____。

5.已知信号的峰峰值为 60 V 时,若要在示波器上显示出完整的波形,则示波器的衰减开关应处于_____位置。

6.示波器可以用来测量电信号的_____、_____、_____和相位。

7.示波器是一种能把随_____变化的、_____的电信号用图像来显示的综合性电信号测量仪器。

8.要让模拟示波器显示出图像信号,必须在示波器的 X 偏转板上加_____电压,在 Y 偏转板上加_____电压,为了保证波形的稳定,还要求二者的扫描周期成_____倍。

9.模拟示波器在进行信号校准时,出现如右图所示波形,说明探头的补偿为_____。

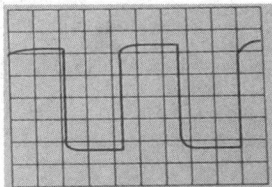

10.数字示波器的垂直衰减旋钮有_____个。

11.数字示波器的计算功能,可以实现 A+B、A-B、_____和_____。

12.1072E 型数字示波器可以自动测量的电压参数包括_____、_____、_____、_____、_____、_____。

13.按下_____键,数字示波器运行和停止波形采样。

14.RIGOL-DS1072E 型数字存储示波器通过按_____键可选择输入耦合方式为_____、_____和_____3 种。

15.RIGOL-DS1072E 型数字存储示波器测量某电信号特性参量时,当信号出现后,先按下_____键,示波器显示屏自动显示出波形,再按下_____键,接着按_____键,示波器屏幕上出现信号所有参数,可以直接读出测量信号所有参量。

二、选择题

1.下列关于示波器的输入耦合方式的说法,错误的是(   )。
   A.DC 方式下示波即能显示直流信号,又能显示交流信号
   B.DC 方式下,示波器的带宽下限频率达到 0 Hz
   C.AC 方式下,示波器不能显示信号中的直流成分
   D.AC 方式下,示波器不能显示信号中的交流成分

2.下列不属于示波器的触发源的是(   )。
   A.CH1   B.CH2   C.电源   D.GND

3.如右图所示的波形,当垂直衰减旋钮处于 5 V/div 时,计算出信号的有效值为(   )。
   A.30 V
   B.15 V
   C.10.6 V
   D.21.2 V

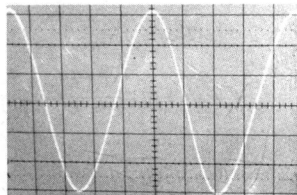

4.在测量 9 V 电池的波形时,将探头的拉钩接到电池的负板,鳄鱼夹接到电源的正极,这时分产生的现象是(   )。
   A.波形在 x 轴的上方   B.波形在 x 轴的下方
   C.波形在 y 轴的左侧   D.示波器将烧坏

5.示波器在测量桥式整流电路的输出电压时(输入为工频),下列操作错误的是( )。

A.水平扫描旋钮应置于 5 ms/div

B.输入耦合方式应置于 AC 方式

C.触发方式可以设为自动

D.可以调节聚焦旋钮让波形更清晰

6.在使用数字示波器的自动测量功能时,为保证测量准确,若探头的衰减开关打到×10 处,则在 CH1(CH2)菜单中的"探极"应选择为( )。

A.×1   B.×10   C.×100   D.×1 000

7.在使用模拟示波器测量一个 200 Hz 三角波信号,发现波形不同步,经检测后发现,触发源选择正确,调节触发电平无效,此时我们可以将触发耦合方式选为( )方式,再进行调试。

A.AC   B.高频抑制   C.TV   D.电源

8.下列操作不会影响波形稳定的是( )。

A.改变触发耦合方式   B.调节触发电平

C.调节触发源   D.改变水平位移

9.测得一正弦信号的电压波形如右图所示,应调节( )才能让波形显示正常。

A.调节光迹旋转

B.调节水平扫描时间

C.调节垂直衰减

D.调节同步电平

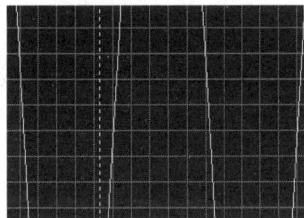

10.模拟示波器的水平扫描系数为 1 ms/div,被测信号的频率为 500 Hz,屏幕上能得到( )个周期的波形。

A.3   B.4   C.5   D.6

三、判断题

1.模拟双踪示波器,辉度旋钮不变,当水平扫描系数越小时,波形的亮度将越高。

( )

2.模拟双踪示波器长时间开机但没有输入信号时,应将扫描线的亮度调低或将触发方式置于常态方式,以保护荧光屏不被灼伤。 ( )

3.测量放大电路的输入输出信号时,为保证这两个信号均能同步,应将触发控制部分的"交替"按键按下。 ( )

4.测量 9 V 电池的波形时,应将示波器的输入耦合方式置为 AC 方式。 ( )

5.数字示波器的垂直衰减旋钮可以实现步进和微调两种方式。 ( )

6.若显示波形的幅度超过屏幕的上下两端,数字示波器将无法对电压信号进行自动测量。 ( )

7.当水平扩展开关"×5"处于按下状态时,说明此时水平方面上的每一大格所代表的

周期为水平扫描时间旋钮的指示值×5。 （　　）

    8.模拟示波器的功能比数字示波器更多。 （　　）

    9.为了测量信号的方便,可以将模拟示波器置于强烈的磁场中。 （　　）

    10.为节约成本,可以用普通探头测量高压信号的波形。 （　　）

四、简答题

    1.示波管是模拟示波器显示电路的核心,通常由哪些部分组成? 其各部分作用是什么?

    2.简述示波器扫描电路的作用。

    3.在使用模拟示波器测量信号前,应对示波器进行哪些方面的校正? 请说明校正的方法。

五、作图题

    1.试作模拟双踪示波器内部结构简图。

2.示波器设定的时间因素、偏转灵敏度分别为 0.5 ms/div 和 10 mV/div,试分别在下图中绘制下列被测试信号的波形。

（1）方波,频率为 500 Hz,峰峰值为 20 mV;

（2）正弦波,频率为 1 000 Hz,峰峰值为 40 mV。

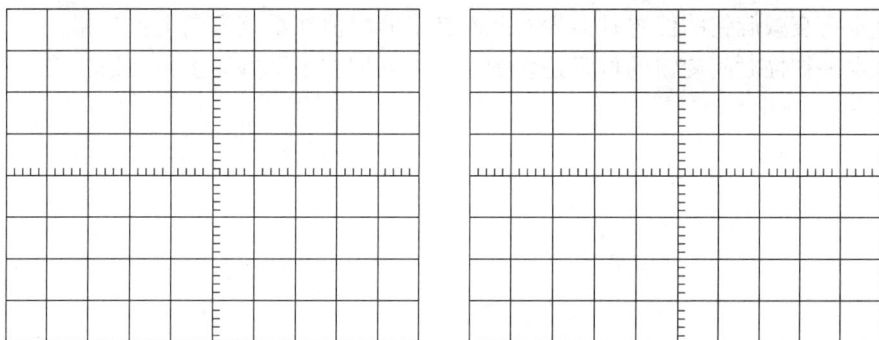

3.当垂直衰减旋钮置于 5 mV/div 时,图(a)信号的幅值为_____;当垂直衰减旋钮置于 0.2V/div 时,图(a)信号的有效值为_____。

当水平扫描时间旋钮置于 0.04 ms/div 时,图(b)信号的周期为_____,频率为_____。

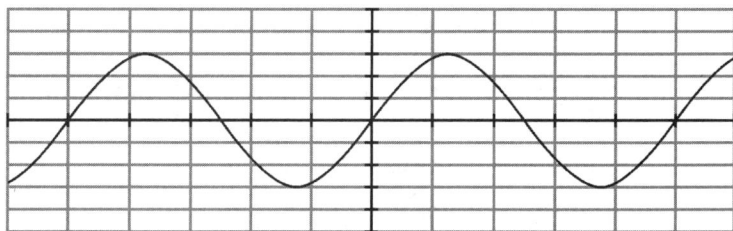

(a)

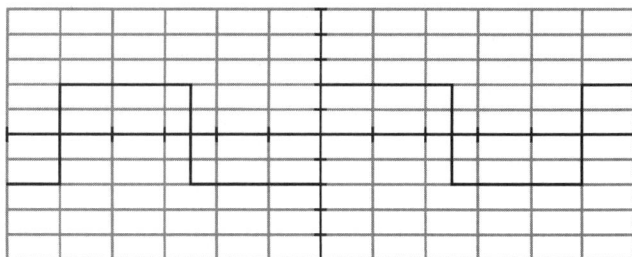

(b)

六、计算题

1.用示波器测量幅度为 500 mV,频率为 2 kHz 的正弦波信号,请调节出合适的挡位,完成波形的正确显示。要求:水平方向显示 1~3 个周期,垂直方向显示大于 4 格。

（1）垂直衰减旋钮的位置是多少？此时波形峰峰值在垂直方向上占几格？

（2）水平扫描时间旋钮的位置是多少？一个周期在水平方向上占几格？

2.已知示波器的水平扫描时间系数为 10 ms/div,垂直衰减为 2 V/div,扫描扩展为×10,探头的衰减系数为×10。

（1）如果荧光屏水平方向上 2 个周期正弦波形的距离为 4 格,则其周期是多少？频率是多少？

（2）如果正弦波的峰峰间的距离为 5 格,则其电压的峰峰值是多少？有效值是多少？

项目六　使用信号发生器

学习目标

(1)了解信号发生器的组成；

(2)了解函数信号发生器的性能指标和主要功能；

(3)理解信号发生器的基本工作原理；

(4)掌握低频信号发生器的使用方法；

(5)掌握正确使用 DG1022U 型函数信号发生器输出连续可调的信号波形的方法。

知识要点

1.信号发生器简介

(1)信号发生器的功能

信号发生器又称信号源或振荡器,在生产实践和科技领域中有着广泛的应用,是用来产生被测电路所需特定参数的电测试信号仪器。

信号发生器的主要功能是可以产生不同频率、幅度和波形的各种供测试的信号(如正弦波、方波、三角波、锯齿波、脉冲波、调幅波和调频波等信号)。

(2)信号发生器的分类

按输出波形的不同,可分为正弦波信号、脉冲信号、函数信号和噪声信号发生器,见下表。

序号	种　类	简　　介
1	正弦信号发生器	主要用于测量电路和系统的频率特性、非线性失真、增益及灵敏度等。按其不同性能和用途还可细分为低频(20 Hz～10 MHz)信号发生器、高频(100 kHz～300 MHz)信号发生器、微波信号发生器、扫频和程控信号发生器、频率合成式信号发生器等
2	函数信号发生器	能产生某些特定的周期性时间函数波形(正弦波、方波、三角波、锯齿波和脉冲波等)信号,频率范围可从几微赫兹到几十兆赫兹。除供通信、仪表和自动控制系统测试用外,还广泛用于其他非电测量领域

续表

序号	种 类	简 介
3	脉冲信号发生器	能产生宽度、幅度和重复频率可调的矩形脉冲发生器,可用于测试线性系统的瞬态响应,或用作模拟信号来测试雷达、多路通信和其他脉冲数字系统的性能
4	随机信号发生器	通常又分为噪声信号发生器和伪随机信号发生器两类。用随机信号代替正弦或脉冲信号,以测定系统动态特性等

按频率范围的不同,可分为超低频(0.000 1~1 000 Hz)、低频(1~1 MHz)、高频(100~30 MHz)、甚高频(30~300 MHz)、超高频(300 MHz以上)和视频(20 Hz~10 MHz)信号发生器。

按照信号发生器的性能指标不同,可分为一般信号发生器、标准信号发生器。

2.低频信号发生器

(1)低频信号发生器的组成及原理

低频信号发生器主要由主振级、主振输出调节电位器、电压放大器、输出衰减器、功率放大器、阻抗变换器(输出变压器)和指示电压表等组成,其原理方框图如下图所示。

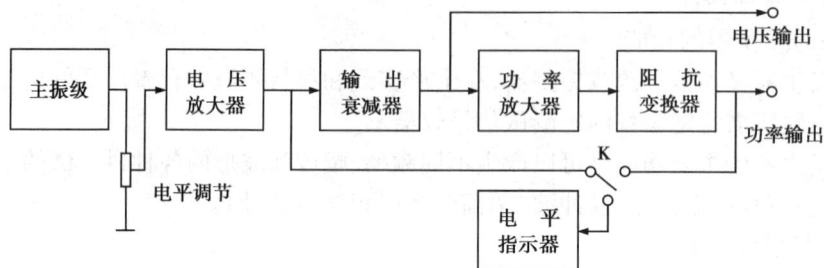

主振级用于产生频率可调的低频正弦振荡信号。其电路一般采用文氏电桥振荡器。

放大电路包括电压放大器和功率放大器。

电压放大器兼有隔离和电压放大的作用。隔离是为了不使后级电路影响主振器的工作;放大是把振荡器产生的微弱振荡信号进行放大,使信号发生器的输出电压达到预定的技术指标要求。一般采用射极跟随器或运放组成的电压跟随器。对电压放大器的要求是输入阻抗高、输出阻抗低、频率范围宽、非线性失真小等。

功率放大器实际上是一个换能器,主要是为负载提供所需要的功率。通常采用电压跟随器或BTL电路等构成。对功率放大器的要求是失真小、输出额定功率,并设有保护电路。

对于只要求电压输出的低频信号发生器,输出电路仅仅是一个电阻分压式衰减器。对于需要功率输出的低频信号发生器,还必须接上一个或两个匹配输出变压器,并用波段开关改变输出变压器次级圈数来改变输出阻抗以获得最佳匹配。

输出电压调节方式可以分为连续调节(细调)和步进调节(粗调)。

输出电路还包括电子电压表,一般接在衰减器之前。经过衰减的输出电压应根据电压表读数和衰减量进行估算。

（2）性能指标

低频信号发生器的主要性能指标包括频率范围、频率准确度、频率稳定度、输出电压、输出功率、输出阻抗、输出形式和非线性失真范围。

不同型号的低频信号发生器的性能指标有所差异,在选用时应认真阅读产品使用说明书。

（3）功能

①用来产生频率为 1 Hz~200 kHz 的正弦波、方波等信号。除具有电压输出外,有的还有功率输出。

②可用于测试或检修各种电子仪器设备中的低频放大器的频率特性、增益、通频带,也可用于高频信号发生器的外调制信号源。

③在校准电子电压表时,它可提供交流信号电压。

（4）类型

低频信号发生器分为波段式和差频式。

（5）使用方法

XD1 型低频信号发生器的操作步骤及方法如下:

①接通电源。将电源线插入 AC220 V 电源插座中,按下电源开关,电源接通指示灯亮,预热 10 min,使仪器工作稳定。

②选择频率。先通过面板上的琴键开关选择所需频率的倍乘挡,然后通过频率细调旋钮(1~10 旋钮为整数,0.1~0.9 旋钮为第一位小数,0.01~0.10 旋钮为第二位小数)调节频率,使指针对准所需频率。

③选择波形。按下波形选择开关"≈",信号为正弦波;如需方波,则按下波形选择开关"Π"。

④调节输出电压。将负载接在电压输出端钮上,配合调节输出微调旋钮和衰减旋钮,使其与所需输出信号的电压幅度一致。

⑤调节功率。先按下功率开关将功率级输入端的信号接通,再进行"阻抗匹配"的选择;按下"功率开关",调节衰减旋钮,直至过载指示灯熄灭。

⑥信号测试。

a.用探头线连接低频信号发生器的输出与频率仪输入端,按下电源开关,调节选择适当参数,测量低频信号发生器的频率输出。

b.用探头线连接低频信号发生器的输出与毫伏表输入端,按下电源开关,调节选择适当参数,测量低频信号发生器的电压输出。

3.高频信号发生器

（1）组成及原理

高频信号发生器也称为射频信号发生器,主要由主振级、缓冲级、调制级、内调制振荡器、输出级、监视器、监测指示电路及电源等部分组成,其原理见下表。

序号	组成部分	简明原理
1	主振级	采用 LC 三点式振荡电路,产生具有一定工作频率范围的正弦信号
2	缓冲级	主要起阻抗变换作用,用来隔离调制级对主振级可能产生的不良影响,以保证主振级工作的稳定
3	调制级	主要完成对主振信号的调制,其调制方式有调幅、调频、脉冲调制 3 种
4	内调制振荡器	用来供给符合调制级要求的音频正弦调制信号
5	输出级	用于高频信号的输出,主要由放大器、滤波器、输出微调(连续衰减电路)、输出倍乘(步进衰减电路)等组成
6	监测指示电路	用于监测指示输出信号的载波电平以及调制系数是否合适

（2）主要功能

高频信号发生器输出信号的频率范围在 300 kHz～300 MHz,广泛应用于高频电路测试中。这种仪器具有一种或一种以上的组合调制(包括正弦调幅、正弦调频以及脉冲调制)功能。其输出信号的频率、电平、调制度可在一定范围内调节,并能准确读数。

（3）性能指标

高频信号发生器的性能指标主要有:工作频率(高频、低频)、外调输入、计数器频率范围、频率精度、失真度、灵敏度、最大输入电压、输入阻抗、适应温度、电源电压及功耗等。

（4）AS1051S 高频信号发生器的使用方法

①准备工作。先将调节调制度及高频信号输出幅度到最小,再接通电源,预热 3～5 min。

②内部音频信号使用。将频段选择开关置于"1",调制开关置于"载频"(等幅),按下"内外调制选择开关",内部音频信号通过插座输出,将信号幅度大小调节好。

③调频立体声信号发生器的使用 。将频段选择开关置于"1",调制开关置于"载频"(等幅)。信号通过插座输出,将信号幅度调节到合适的大小。

④调频调幅高频信号发生器的使用。将频段选择开关按需置于选定频段,调制开关按需选于调幅、载频和调频,信号通过插座输出,将信号输出幅度调节至合适的大小。

⑤调制的调节。调制方式选择选于"AM",内调制时,将"内外调制选择开关"弹出;外调制时,将"内外调制选择开关"推入,外调制信号从插座输入,最后调节好调幅的调制度大小。

⑥频宽的调节。将高频信号发生器的频率调在中频频率上,从小到大进行频宽调节,使示波器的波形不失真即可。

⑦频率仪数。将高频信号发生器的测频选择开关置于"INT"位置时,高频信号发生器可以对示波器的校准信号进行频率仪数。

4.DG1022U 型函数信号发生器主要技术参数(见表6-3)

表6-3 DG1022U 型函数信号发生器主要技术参数

项目	技术参数	
输出频率范围 0.1 Hz~25 MHz	正玄波:1 μHz~25 MHz	
	方 波:1 μHz~5 MHz	
	锯齿波/三角波:1 μHz~500 kHz	
	脉冲波:500 μHz~5 MHz	
	白噪声:5 MHz 带宽(−3 dB)	
	任意波形:1 μHz~5 MHz	
分辨率	1 μHz	
采样率	CH1、CH2 通道均为 100 MSa/s	
输出波形	正玄波、三角波、方波、锯齿波、脉冲波、噪声波	
输出波形幅度(50 Ω 负载)	CH1 通道	CH2 通道
	输出频率≤20 MHz 时 输出波形幅度:2 mV~10 V	输出波形幅度:2 mV~3 V
	输出频率>20 MHz 时, 输出波形幅度:2 mV~5 V	
外测参数类型	频率、周期、正/负脉冲宽度	
外测频率范围	单通道:100 MHz~200 MHz	
外测电压范围	200 mV~5 V	
脉冲宽度、占空比测量范围	1 Hz~10 MHz(100 mV~10 V)	

解题示例

例1 请列出用低频信号发生器输出频率为 1 000 Hz,有效值为 10 mV 的正弦波的操作步骤及方法。

分析:不同型号低频信号发生器的操作步骤及方法大致相同,主要包括接通电源、频率及波形选择、输出信号幅度调节、信号测试,必要时还应进行功率调节。

信号发生器本身不能显示输出信号的电压值,所以需要另配交流毫表测量输出电压。当输出电压不符合要求时,选择不同的衰减再配合调节输出正弦信号的幅度旋钮,直到输出电压为 10 mV。

若要观察输出信号波形,可把信号输入到示波器。

答:为了帮助同学们了解更多信号的信号发生器的使用方法,下面以 FJ-XD22PS 低频信号发生器为例,介绍其操作步骤及方法。

①通电预热 5 min,按下波形选择键中的"～"键,输出信号即为正弦波信号。

②让"内、外"测频键处于弹起状态,频率仪内测输出信号频率。

③按下输出衰减"20 dB"键,正弦信号衰减了 20 dB 后输出。

④按下频率波段选择"1～10 K"按键,输出信号频率在 1～10 kHz 连续可调。

⑤按测量功能选择中的"频率"键,该键上方的红色发光二极管亮,窗口中显示的数字即为输出信号的频率,窗口右侧上方"Hz"红色发光二极管亮,表示频率单位为 Hz。

⑥调节频率"粗调"旋钮直到显示的频率值接近 1 000 Hz 时,再改调节频率"细调"旋钮,直到显示的频率值为 1 000 Hz 为止。

⑦将信号输入到交流毫表,选择不同的衰减挡位,直到输出电压为 10 mV。

若需要输出其他信号,可参考上述步骤操作,不再一一举例。

例 2　低频信号发生器的内部放大电路主要由电压放大器和_____组成。

分析:填空题是各种类型考试中比较常见的题型,本题是重庆市 2014 年的高考题,主要是考查同学们对仪器仪表基础知识的掌握情况,涉及低频信号发生器的内部组成,其内部放大电路不仅有电压放大,还有功率放大。因为信号发生器的输出信号必须要有足够的幅度及功率,测量满足测试的需要。

在电子测量技术与仪器中,类似的知识点很多,平时记住它是有好处的。

答:功率放大器。

课堂练习题

一、填空题

1.XD1 型信号发生器的电压测量表既可测量_____产生的信号电压,又可以测量_____信号的电压,相当于一块交流电压表。当交流电压表使用时,它有_____个电压量程。

2.高频率信号发生器主要由_____、_____、_____、输出级、监视器和电源组成。

3.按低频信号对高频载波信号调制方式的不同,可以分为_____、_____、_____ 3 种调制方式。AS1051S 型高频信号发生器输出的调制信号有_____和_____两种。

4.AS1051S 型高频信号发生器的音频输出信号的幅度控制由粗调开关和细调旋钮组成,其中粗调开关分为_____、_____、_____ 3 挡。

5.SG1052S 型高频信号发生器即可以测量本机所产生的信号的_____,也可以测量外来信号的_____,此时相当于是一台数字频度计,其测量频率的量程有两个,测频范围分别是_____和_____。

6.信号发生器的频率稳定度表示_____。

7.信号发生器又称_____,它可产生不同_____、_____和波形的各种供测试的信号。

8.信号发生器按输出波形的不同可分为_____信号、_____信号、_____

信号和噪声信号发生器。

9.XD1 型信号发生器按输出频率来分,属于_____信号发生器,其输出频率为_____。

10.低频信号发生器的主振级产生的信号是_____,一般由_____电路完成。

11.信号发生器的频率准确度表示_____。

12.RC 串并联振荡器的振荡频率度计算公式是_____。

13.为满足幅度平衡条件,RC 串并联振荡器中要求放大器的总放大倍数应为_____,为满足相位平衡条件,要求其电压放大器应是_____相放大器。

14.XD1 型信号发生器的输出频率为 4 780 Hz 时,琴键开关中_____键应按下,在将 3 个频率细调旋钮中第一个调到数字_____,第二个调到数字_____,第三个调到数字_____。

15.XD1 型信号发生器的功率级共设有_____、_____、_____、_____、5 kΩ 5 种额定负载值。

16.函数信号发生器是一种特殊的信号发生器,可输出_____、_____、三角波和方波。输出频率最高可达_____MHz。

17.AG-203 型低频信号发生器输出频率的范围是_____,可以输出_____和_____两种波形。

18.要对 AG-203 型低频信号发生器进行频率校正,首先需要一台_____器。

19.AG-203 的频率倍乘选为×1 k,频率指针读数为 5,此时输出信号的频率为_____。

20.CA1640 函数信号发生器的频率粗调由_____选择,细调由_____调节。

21.DG1022U 型函数信号发生器的外部结构包含_____、_____、_____、_____、_____、_____等。

22.按 View 键能实现_____、_____、_____3 种显示模式的切换。

23.DG1022U 型函数信号发生器的 CH1 可输出_____、_____、和相位调制 4 种波形。

24.低频信号发生器的内部放大电路主要有电压放大器和_____。(2014 年高考真题)

二、选择题

1.AS1051S 型高频信号发生器不能输出的信号是(   )。
   A.调幅信号　　　　B.载波　　　　C.调频信号　　　　D.调相信号

2.高频信号发生器的输出信号的波形是(   )。
   A.正弦波　　　　B.三角波　　　　C.方波　　　　D.锯齿波

3.用低频信号去控制高频载波的幅度,这种调制方式称为(   )。
   A.调相　　　　B.调频　　　　C.调幅　　　　D.FSK

4.下列关于调频信号特点的说法,错误的是(　　　)。

  A.高频载波的频率随低频信号频率的改变而改变

  B.具有较强的抗干扰能力

  C.调制与解调的过程比调幅信号更复杂

  D.不能实现低频信号的远距离传送

5.能够产生高频幅波信号的仪器是(　　　)。

  A.低频信号发生器　　　　　　　　B.函数信号发生器

  C.高频信号发生器　　　　　　　　D.任意信号发生器

6.使用 DG1022U 型函数信号发生器的双通道输出功能时,耦合方式应选择(　　　)。

  A.同步输出开关　　　　　　　　　B.通道耦合

  C.通道复制　　　　　　　　　　　D.频率计测量

7.DG1022U 型函数信号发生器输出信号的频率范围是(　　　)。

  A.0.1 Hz~25 MHz　　　　　　　　B.1 μHz~5 MHz

  C.1 Hz~100 MHz　　　　　　　　D.1 Hz~200 kHz

8.DG1022U 型函数信号发生器 CH1 通道输出信号的频率范围≤20 MHz,输出波形幅度(50 Ω)负载是(　　　)。

  A.2 mV~10 V　　　　B.2 mV~5 V　　　　C.2 mV~3 V　　　　D.0~30 V

9.通过 DG1022U 型函数信号发生器面板上的波形选择键可以选择(　　　)种波形。

  A.10　　　　　　　　B.6　　　　　　　　C.48　　　　　　　　D.无数

10.能够产生多种信号波形的信号发生器是(　　　)。

  A.锁相式合成信号源　　　　　　　B.函数发生器

  C.高频信号发生器　　　　　　　　D.脉冲发生器

11.将低频信号发生器 XD1 的"输出衰减"旋钮置于 20 dB 时,调节"输出细调"旋钮使指示电压表的读数为 5 V,则实际输出电压为(　　　)。

  A.5 mV　　　　　　　B.50 mV　　　　　　C.5 V　　　　　　　D.500 mV

12.下列设备中可以输出正弦信号的是(　　　)。(2017 年高考真题)

  A.数字式万用表　　　　　　　　　B.晶体管测试仪

  C.频率计　　　　　　　　　　　　D.低频信号发生器

13.低频信号发生器的主振级产生的是(　　　)信号。

  A.正弦波　　　　　　　　　　　　B.矩形波

  C.三角波　　　　　　　　　　　　D.锯齿波

14.低频信号发生器中用于产生正弦波信号的部分是(　　　)。(2015 年高考真题)

  A.主振级　　　　　　　　　　　　B.电压放大器

  C.功率放大器　　　　　　　　　　D.阻抗变换器

15.低频信号发生器中,提高输出信号功率的模块是(　　　)。(2016 年高考真题)

  A.阻抗变换器　　　　　　　　　　B.电压放大器

  C.电平调节器　　　　　　　　　　D.输出衰减器

16.如下图所示,用 XDI 型低频信号发生器输出频率为 4 650 Hz 的信号,则波段选择开关和从左到右三个频率微调旋钮的设置位置分别是(　　)。(2018 年高考真题)

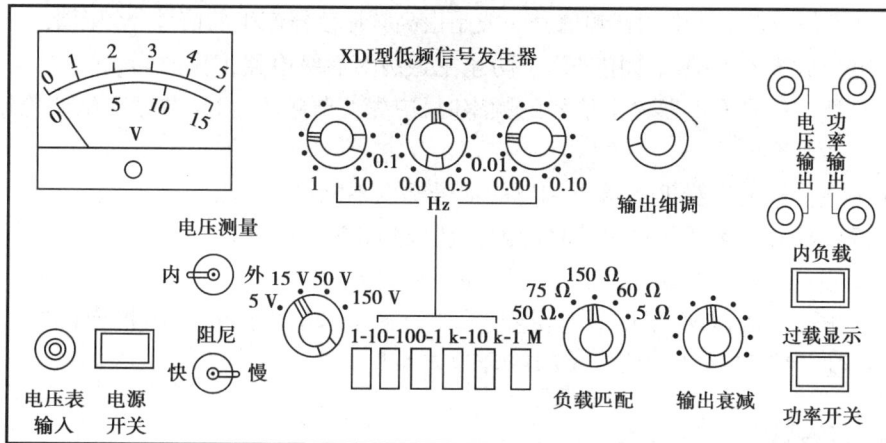

A.100 和 4、0.6、0.05
B.1 k 和 4、0.6、0.05
C.10 k 和 4、0.6、0.05
D.1 M 和 5、0.6、0.04

17.在低频信号发生器中,兼有隔离和电压放大作用的模块是(　　)。

A.阻抗变换器
B.电压放大器
C.电压调节器
D.输出衰减器

三、判断题

1.XD1 信号发生器的过载指示灯点亮时,表明设备处于过载状态,应立即关机。　(　　)

2.XD1 信号发生器的电压输出和功率输出衰减旋钮是同一个操作旋钮。　(　　)

3.XD1 信号发生器使用功率输出时,若负载阻抗与信号源阻抗做不到完全相同时,一般应使实际的负载阻抗小于信号源的阻抗,以减小信号失真。　(　　)

4.XD1 信号发生器在不使用功率级时,应将功率开关按键弹起,以免影响电压输出。
(　　)

5.XD1 信号发生器的功率级输出时,可以接成平衡输出,也可以接成非平衡输出。
(　　)

6.XD1 信号发生器的功率级在 0.5 Hz 以下时,不能输出功率信号。　(　　)

7.AS1051S 型高频信号发生器在使用外调制信号时,只需将外来信号插入仪器后面输入插孔即可,无须转换。　(　　)

8.高频信号发生器的主振级一般采用石英晶体作振荡器,因为石英晶体振荡器的频率稳定度高。　(　　)

9.高频信号发生器只能输出高频信号,不能输出低频信号。　(　　)

10.高频信号发生器开机后,无须预热。　(　　)

11.高频信号发生器的调制级需输入两个信号,分别是高频载波和低频调制信号。

（　　）

12.高频信号发生器的低频调制信号只能是正弦波信号。（　　）

13.高频信号发生器中的音频信号一般是由高频振荡器产生的信号分频而来。（　　）

14.电压放大器的隔离作用是为了防止主振级对后级电路工作的影响。（　　）

15.在调节信号发生器输出信号的频率时,应先调节频段,再调节频率细调旋钮。

（　　）

16.函数信号发生器 TTL 输出端口的信号幅度不能进行调节。（　　）

17.低频信号发生器的输出信号幅度应从低到高调试。（　　）

18.低频信号发生器的振荡级多采用 LC 振荡器。（　　）

19.由电压放大器、电平调节电位器、输出衰减器、功率放大器、阻抗变换器和指示电压表就能组成低频信号发生器。（2019 年高考真题）（　　）

四、简答题

简述使用 DG1022U 型函数信号发生器 CH1 通道输出频率为 20 kHz,幅度为 5 V 的方波的操作步骤。

自我检测题

一、填空题

1.XD1 信号发生器为了保证衰减的准确性及输出波形不失真,电压输出端上的负载应_____。

2.XD1 信号发生器在使用功率输出时,首先应将_____开关按下,将功率级的输入信号接通,负载的阻抗应与信号发生器的输出阻抗尽量相等,以实现_____。

3.高频信号发生器也称为_____,它的信号的频率范围在_____。

4.高频信号的主振级通常采用_____振荡电路,通过频段开关来控制_____实现频率的粗调,用频率指针改变_____来实现频率的细调。

5.SG1052S 型高频信号发生器的输出频率采用_____位数码管来显示。当数码管右侧指示灯"kHz"点亮时,表时此时数码管显示的数字是以_____为单位;当左侧的"OVER"灯点亮表明此时的实际频率_____本机频率计数器的最大范围。

6.AS1051S 高频信号发生器的高频输出频率为_____,同时还可以输出音频信号和导频信号,其频率分别为_____Hz 和_____Hz。

7.高频信号发生器中,AM 表示_____信号,FM 表示_____信号,CW 表示_____信号。

8.低频信号发生器的信号有两种输出方式,分别是_____输出和_____输出,其中_____输出方式,需要实现阻抗匹配。

9.低频信号发生器中的功率放大器工作在_____信号状态,常设有_____电路。

10.文氏电桥振荡器中,改变频率的方法是:通过调节_____改变频段,通过改变_____使频率在同一频段内连续变化。

11.CA1640 函数信号发生器既可以输出_____和_____均可调的信号,也可以对输入信号的_____进行测量。

12.XD1 型信号发生器的频率调节包括_____选择和_____细调,其面板上的琴键开关用来实现_____选择。

二、选择题

1.低频信号发生器的频率范围是(   )。

   A.0.000 1~1 000 Hz

   B.1 Hz~1 MHz

   C.100 kHz~30 MHz

   D.10 Hz~10 MHz

2.下列波形中,不能由 CA1640 函数信号发生器输出的是(   )。

   A.方波   B.正弦波

   C.锯齿波   D.正负尖脉冲

3.下列不属于 CA1640 函数信号发生器的工作模式的是(   )。

   A.信号输出   B.外部计数

   C.指数扫频   D.线性扫频

4.下列不属于低频信号发生器的组成部分的是(   )。

   A.主振级   B.功率放大级

   C.E 计数器   D.电压放大器

5.函数信号发生器输出方波时,发现其高电平时间与低电平时间不相等,若要求 $T_H = T_L$ 则应调节(　　)。

　　A.频率粗调　　　　　　　　　　B.幅度细调

　　C.对称性　　　　　　　　　　　D.波形选择

三、判断题

1.XD1 型信号发生器只能输出正弦波信号,不能输出方波信号。　　　　　　　(　　)

2.AS1051S 型高频信号发生器不能对外来信号的频率进行测量。　　　　　　(　　)

3.低频信号只能输出低频信号,不能输出高频信号。　　　　　　　　　　　(　　)

4.低频信号发生器 AG-203 输出信号的电压幅度由数码管显示。　　　　　　(　　)

5.函数信号发生器的输出频率和电压均由数码管显示。　　　　　　　　　　(　　)

6.函数信号发生器的对称性调节旋钮置于关时,输出信号的占空比为50%。　(　　)

7.低频信号发生器不能输出方波信号,这表明电路的主振级没有工作。　　　(　　)

8.在调节信号发生器的输出信号幅度时,应由大到小进行调节。　　　　　　(　　)

9.文氏电桥振荡器必须要引入深度负反馈。　　　　　　　　　　　　　　　(　　)

10.低频信号发生器输出信号幅度的粗调由电位器来实现。　　　　　　　　　(　　)

四、作图题

1.请将下图补充完整。

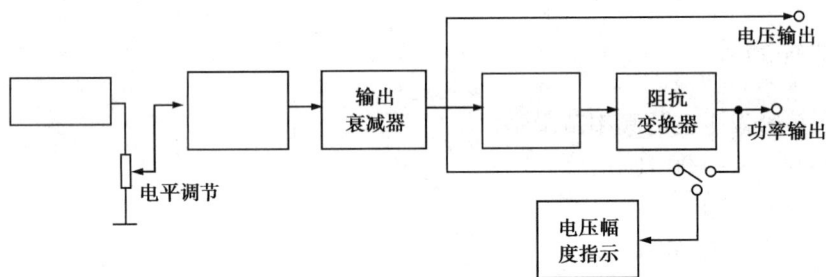

2.作出高频信号发生器组成框图。

五、简答题

1.使用 XD1 型低频信号发生器调为频率 1 280 Hz,幅度为 3 V 的正弦波,采用电压输出,写出操作步骤。

2.使用函数信号发生器输出频率为 10 kHz,幅度为 5 V 的矩形波信号,要求 $T_H = T_L$,写出调节步骤。

3.简述使用 DG1022U 型函数信号发生器同时从 CH1、CH2 通道输出频率为 100 Hz,幅度为 7 V 的锯齿波的操作步骤。

项目七　使用信号分析仪器

学习目标

(1)了解信号分析常用仪器(扫频仪、频谱分析仪、数字频率仪)的组成、性能及特点;

(2)了解频率计的功能;

(3)理解信号分析常用仪器的工作原理;

(4)掌握信号分析常用仪器的使用方法;

(5)掌握频率计的使用方法,会正确使用频率计测量信号的频率、周期、计数。

知识要点

1.扫频仪

(1)扫频仪的用途

扫频仪是频率特性测试仪的简称,是一种能在荧光屏上直接观测到各种电路频率特性曲线等的测量仪器,由此可以测算出被测电路频带宽度、品质因数、电压增益、输入输出阻抗及传输线特性阻抗等参数。

扫频仪与示波器的区别在于,前者能够自身提供测试时所需的信号源,并将测试结果以曲线形式显示在荧光屏上。

(2)扫频仪的组成

扫频仪主要由扫频信号发生器、频标信号发生器、扫描信号发生器、示波器、电源电路及配有检波器的同轴电缆等组成。

(3)扫频仪的原理

扫频仪是在示波器 X-Y 方式的基础上,增加扫描信号源、扫频信号源、检波探头等组成的。扫频信号加至被测电路,检波探头对被测电路的输出信号进行峰值检波,并将检波所得的信号送往示波器 y 轴电路,该信号的幅度变化正好反映了被测电路的幅频特性,因而在屏幕上能直接观察到被测电路的幅频特性曲线。为了标出 x 轴所代表的频率值,需要另加频标信号。该信号是作为频率标记的晶振信号与扫频信号混频而得到的。

(4)扫频仪的分类

按操作方式不同,可分为数字型和模拟型。

按扫频的频率范围不同,可分为超高频扫频仪、高频扫频仪、低频扫频仪。

按扫频的用途不同,可分为彩电扫频仪、音频扫频仪、宽带扫频仪等。

(5)扫频仪的使用

①扫频仪的检查、校正。

a.接通电源开关,预热 15 min。

b.调节亮度电位器,使亮度适中。调聚焦旋钮,以得到足够清晰的扫描线。

c.扫频线性的检查:选择频标 50 MHz 或 10.1 MHz,此时在扫描基线上呈现频标信号。调节"频标幅度"旋钮,可以均匀地调节频标幅度。同时,应检查扫频范围和频偏,使频偏量能在 1~300 MHz 连续变化。

d.输出功率(电压)的检查:一般应不小于 250 mV。

②测试。扫频仪检查、校正之后,即可进行测试。使用方法及注意事项如下:

a.测试时注意输出、输入电缆和输入检波探头的接线尽量短,探头探针不应再逻辑另外的接线。

b.测试带有检波输出的被测设备时,可直接用输入电缆连接到 y 轴输入端。如果被测设备带有直流电位,y 轴输入应选择 AC 耦合方式,以免损坏仪器。

c.如需要特殊的频率标记,可选择外频标,在外频标插座上加上所需的频率信号,此信号有效值应大于 50 mV。

2.频谱分析仪

(1)频谱分析仪的用途

频谱分析仪简称频谱仪,能够将构成非正弦波信号的基波与各次谐波的频率及幅度显示在荧光屏上,得到非正弦波的频谱图,由此得到时域观测所不能得到的独特信息。频谱仪除用于信号频谱分析外,还用于放大器谐波失真、信号发生器频谱纯度以及系统频率特性分析等。

(2)频谱分析仪的类型

按工作原理,频谱分析仪可分为数字式频谱分析仪和模拟式频谱分析仪。应用比较普遍的是模拟式频谱仪。模拟式频谱仪分为顺序滤波式、扫频外差式等,主要用于射频段和微波频段。数字式频谱仪主要用于低频段和超低频段。

按频率范围,频谱分析仪可分为超高频频谱分析仪、高频频谱分析仪、低频频谱分析仪。

(3)频谱分析仪的组成

频谱仪主要由接收机(混频、中频放大、检波、Y 放大)和示波器(扫频振荡、锯齿波扫描、X 放大)等组成。

(4)频谱分析仪的性能指标

频谱仪的主要性能指标包括频率范围、扫频宽度、频率分辨率、动态范围、灵敏度等。

(5)频谱分析仪的使用

在频谱仪面板上,"扫频宽度""频率标记""频带宽度"都是可调的,应根据被测信号频谱的特性合理地选择使用有关的旋钮。

频谱仪测试的操作方法如下:

a.打开频谱仪的电源开关,调节亮度和聚焦旋钮,使荧光屏上显示的亮度合适、图像清晰。

b.调节扫频宽度。扫频宽度应根据被测信号的频谱宽度进行选择。例如,分析一个调幅波的扫频宽度应大于 $2f_m$(f_m 为最大音频调制频率);而要观测是否存在二次谐波的调制边带,扫频宽度应大于 $4f_m$。

c.调节中心频率"粗/细"旋钮,使中心频率达到需要的值。例如,测试电视射频信号时,中心频率调节为 90 MHz;测试手机中频信号,中心频率调节为 6 MHz。

d.将频谱仪探头外壳与电路主板接地点相连,探针插到被测信号的输出端。在电流表指针摆动时,观察频谱仪荧光屏上是否有脉冲式图像,正常情况下,当电流表指针摆动时,有脉冲图像出现在荧光屏水平方向中心位置。

e.读数。

3.数字频率仪

(1)数字频率仪的用途

数字频率仪又叫频率计数器,是一种采用数字电路制作成的能实现对周期性变化信号频率进行测量的仪器。

数字频率仪主要用于测量正弦波、矩形波、三角波和尖脉冲等周期信号的频率值(即用作频率测量),还可以测量与之有关的多种参量,如测量信号的周期、频率比以及计数等。

(2)数字频率仪的组成

数字频率仪主要是由 A 通道(100 MHz 通道)、B 通道(1 500 MHz 通道)、系统选择控制门、同步双稳电路、E 计数器、T 计数器、MUP 微处理器单元、电源等组成。

(3)数字频率仪基本工作原理

被测量信号经过放大与整形电路传入十进制计数器,变成其所要求的信号。时基电路提供标准时间基准信号,用来触发控制电路,进而得到一定宽度的闸门信号。当 1 s 信号传入时,闸门开通,其计数器开始计数;当 1 s 信号结束时,闸门关闭,停止计数。由于计数器计得的脉冲数 N 是在 1 s 内的累计数,所以被测信号的频率为

$$f = N \text{ Hz}$$

逻辑控制电路的任务是打开主控门计数,关上主控门显示,然后清零,这个过程不断重复进行。

(4)使用数字频率仪测量频率和周期

①测量函数信号发生器发出 2.3 kHz,幅度为 3 V 方波信号的频率和周期。

②测量函数信号发生器发出 2.256 kHz,幅度为 2 V 正弦波信号的频率和周期。

③测量多谐振荡电路输入信号的频率和周期,并使用其计数功能。

④测量电路板上晶振两端信号的频率和周期。

使用数字频率仪进行上述 4 种测量的步骤及方法基本相同。即:

①按下"FA"功能键。

②衰减开关置×20 位置。

③低通滤波器应置于"开"位置。

④时间闸门选择 1 s。

⑤显示屏上的显示出频率值后,按下"PERA"功能选择键,此时显示此信号的周期。

⑥按下"TOTA"功能选择键可以对信号进行计数。

⑦测量结束后,先关闭仪器和电路板的电源,然后拆除仪器与电路之间的连接线,最后将仪器的按钮和旋钮都重置到初始状态。

提示:a.输入信号以 100 MHz 为界限,低于 100 MHz 选"输入 A"端口,高于 100 MHz 选"输入 B 端口"。

b."FA"测量信号幅度大于 300 mv,衰减开关置×20 位置。

c.输入信号频率若低于 100 kHz,低通滤波器置于"开"位置。

d.闸门预选时间一般设定为 1 s。时间越长,分辨率越高。

解题示例

例 1　简要说明如何正确使用 BT-3C 扫频仪。

分析:正确使用扫频仪包括使用前的检查与校正、使用过程中的步骤及方法、使用注意事项等,我们可以按照这个思路去解答。

本题的答案见项目七的知识要点。

例 2　某小型超外差收音机电路图如下图所示,简要说明如何用数字频率仪调整收音机的中频电路。

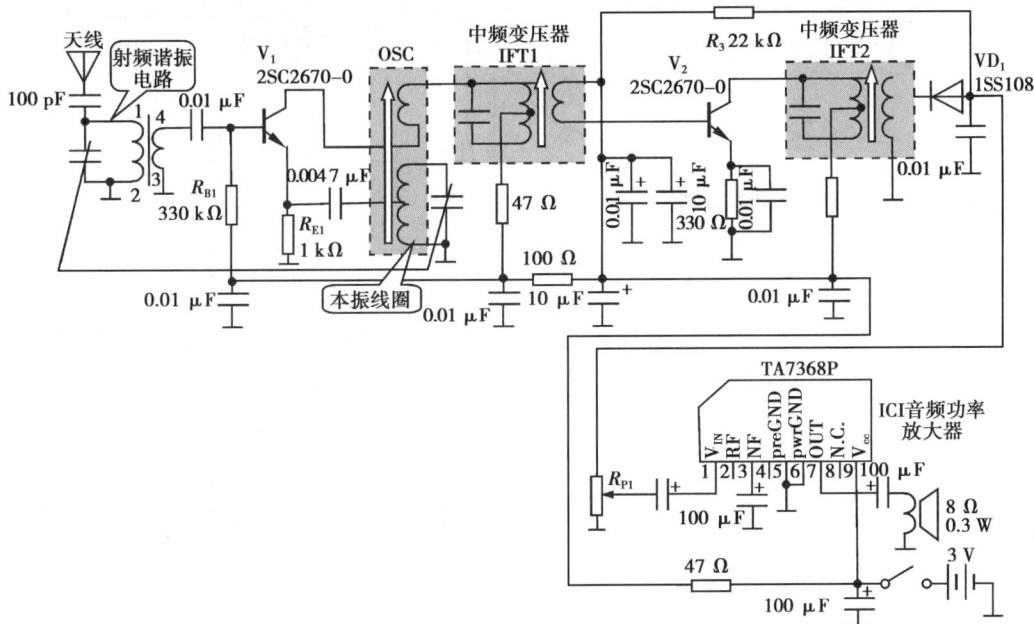

分析:我们要完成信号测试任务,首先要了解单元结构,其次是熟悉交流信号的流程。

该超外差收音机的电路由天线输入调谐电路、高频放大和混频电路(V_1)、中频电路(IFT_1,V_2,IF_2)、检波电路(VD_1)和低频功率放大(TA7368P)等部分组成。

交流信号的流程为:天线→射频谐振电路→高频放大、混频、本振合一的电路(V_1,

OSC 电路和本振线圈）→中频变压器（IFT$_1$）→中频放大器（V$_2$）→中频变压器（IFT$_2$）→检波器（VD$_1$）→低频功率放大器（TA7368P）。

要调整收音机的中频电路，首先需使用 AM 信号发生器输出 465 kHz 的中频 AM 载波信号，然后将信号发生器的输出经过一个耦合电容（0.01 μF）送到收音机中频电路的信号输入端。在调整收音机的中频电路时，需要对 AM 信号发生器输出的中频载波频率进行监测，在此我们使用频率仪进行准确监控，使信号发生器可以精准输出 465 kHz 中频 AM 载波信号，调整收音机中频变压器的磁芯，使中频变压器的谐振频率精准谐振在 465 kHz，调整时监听收音机的音频输出，使音频信号的幅度最大，声音最清晰。

如果收音机中频变压器的谐振频率不准确会影响到信号的接收。

解： 如下图所示为 AM 信号发生器和频率仪在小型超外差收音机电路中的连接。

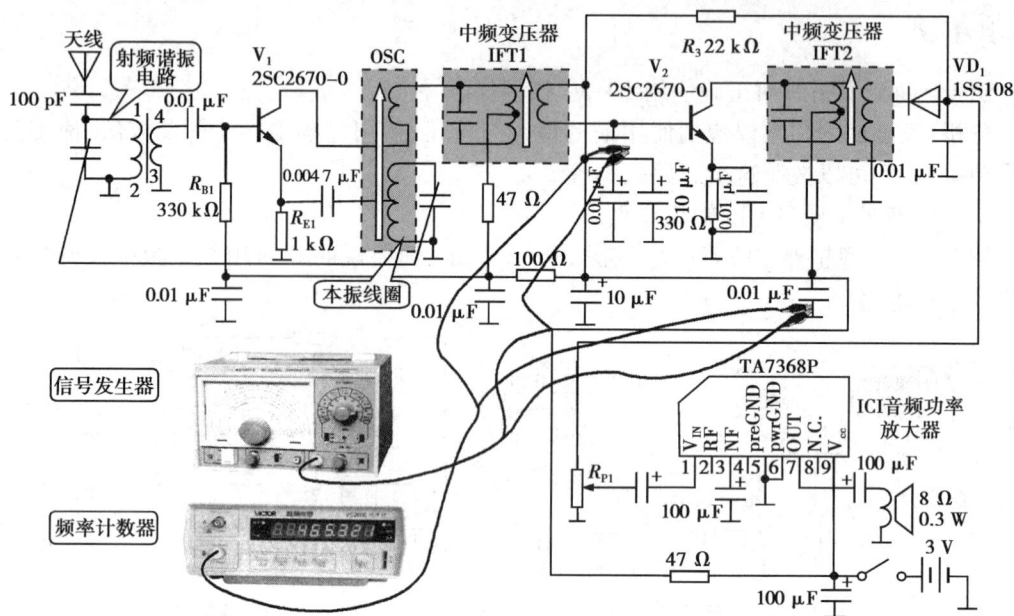

在接入 AM 信号发生器和频率仪前，先使用电烙铁将电容器（0.01 μF）的一个引脚焊接在主电路板的三极管 V$_2$ 的基极引脚上，如下左图所示；电容器的一端引脚焊接完成后，将 AM 信号发生器的输出线信号端的一个鳄鱼夹夹在电容器的另一端引脚处，如下右图所示。

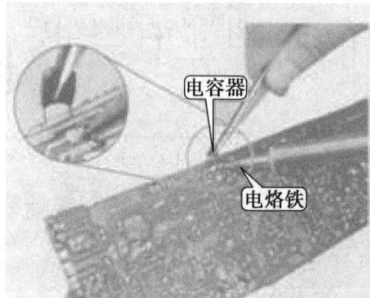

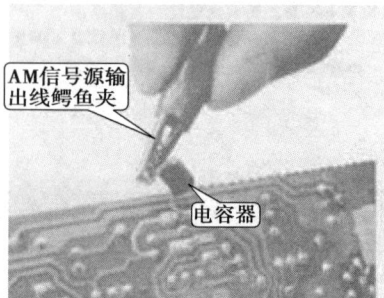

电容器与三极管 V$_2$ 的基极引脚连接完成后，将 AM 信号发生器输出线的接地端另一

个黑色鳄鱼夹夹在电路板的一接地端,如下左图所示。AM 信号发生器与电路板连接完成,如下右图所示。

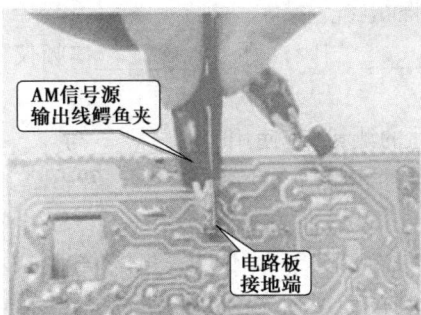

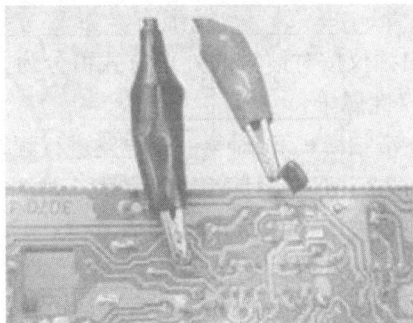

AM 信号发生器与电路板连接完成后,再将频率仪与 AM 信号发生器以同样的方法连接到电路中,即一端连接电容器,另一端接地,如下图所示为 AM 信号发生器和频率仪在电路中的连接。

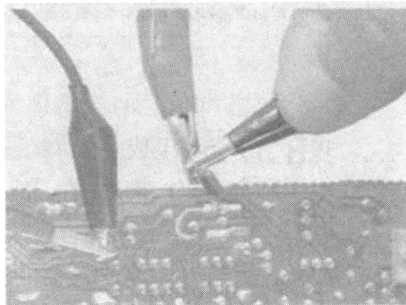

连接完成后,调整中频变压器的谐振频率,在调整时对 AM 信号发生器输出的中频载波频率进行监测,使频率仪上显示的数字是 465 kHz,如下图所示。

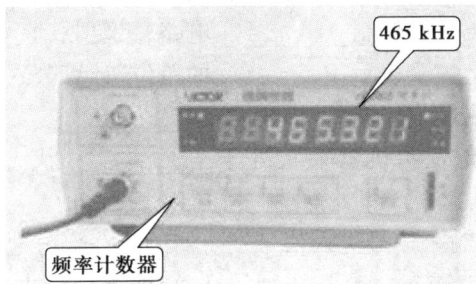

课堂练习题

一、填空题

1.扫频仪是_____的简称,是专门用来测量无线电设备中某些电路的_____的专用仪器。

2.测量频率特性的方法有两种,分别是_____和_____,其中扫频仪测频率特性就是采用的_____法。

3.扫频仪的主要组成部分有_____发生器、_____发生器、扫描信号发生器、示波管、_____，及配有_____的同轴电缆。

4.扫频仪按对信号的处理方式可分为_____扫频仪和_____扫频仪，BT-3C型扫频仪性属于_____。

5.在窄扫模式下，对某一个电路进行频率特性的测量，应使用_____与_____相配合，调节出的信号频率宽度稍大于被测电路的通频带。

6.扫频仪的 X 幅度可以调节_____。

7.频标幅度旋钮的作用是_____。

8.当被测电路的输出端带有直流电压时，扫频仪的 Y 轴输入模式应选为_____。

9.扫频仪工作在高频状态时，应注意扫频信号与被测网络之间的_____，其阻抗一般为_____Ω。

10.扫频仪的探极通常有 4 种，分别是_____、_____、_____、_____。

11.频谱分析仪是用来测量非正弦信号中各种_____的幅度所占比例，其理论依据是傅里叶变换。

12.周期信号的频谱是_____的，非期信号的频谱是_____的。

13.频谱仪主要由_____和_____组成。

14.为了获得较高的_____和频率分辨力，在实际的频谱分析仪中常采用_____的方法。

15.AT5010B 型频谱仪可以测试频率范围为_____的电气信号的频谱分量。

16.频谱仪的横坐标表示_____，纵坐标表示_____。

17.AT5010B 型频谱仪的数字显示器的分辨率为_____kHz。

18.AT5010B 型频谱仪的水平调节旋钮的作用是_____。

19.频谱仪的扫描电压既要调制_____电路，又要驱动_____。

20.分贝毫瓦(dBm)是一个表示_____的单位，计算公式为_____。

21.数字频率计可以测量信号的_____和_____。

22.当闸门指示灯点亮表明机器在正处于_____状态，当熄灭表明机器测量_____。

23.测量信号频率时，输入信号进入信号发生器的第一部分电路是_____。

24.闸门电路的作用是_____，当闸门开通，被测量脉冲将进入_____。

25.当"μs"指示灯点亮，表明此时测量的是信号的_____。

26.闸门时间为 0.1 s，此时计数器的值为 1 000，此信号的频率是_____。

27.当"Hold"按下后，频率计的输出显示结果与输入信号_____。

28.频率计显示的结果为 8.053 000 0，"kHz"灯点亮，表明此时输入信号的频率为_____。

29.测量工频变压器的输出频率时，为降低干扰，应将_____键按下。

30.频率计主要是由_____、_____、_____、同步双稳以及 E 计数器、T

计数器、MUP 微处理器单元、电源等组成。

31.按下频率计衰减开关,置于×20 位置,则表示输入灵敏度被_____。

二、选择题

1.能够测量电路的通频带的仪器是(   )。
   A.示波器   B.频谱分析仪   C.扫频仪   D.频率计

2.扫频仪中,扫描基线的长度可以通过(   )旋钮进行调节。
   A.亮度   B.X 位移   C.X 增益   D.Y 增益

3.扫频仪中,可以调节扫描基线与扫频线之间的高度的旋钮是(   )。
   A.亮度   B.X 位移   C.X 增益   D.Y 增益

4.AT5010B 型频谱仪实际上是一个(   )次变频的超外差式扫频接收机。
   A.1   B.2   C.3   D.4

5.下列不属于频率计的指示单位的是(   )。
   A.kHz 指示灯   B.MHz 指示灯   C.Hz 指示灯   D.μs 指示灯

6.频率计的"放大与整形电路"的作用是(   )。
   A.对被测量信号作 A/D 变换   B.对被测量信号作累加计数
   C.对被测量信号进行波形变换   D.对被测量信号进行积分处理

7.测量 12 MHz 晶振所产生的信号频率时,数字频率计应选择为(   )。
   A.FA   B.FB   C.PERA   D.TOTA

8.数字频率计 A 通道输入端用于频率为(   )的信号输入。
   A.10 Hz～100 kHz   B.1 Hz～100 MHz
   C.大于 100 MHz   D.无限制

9.数字频率计中低通滤波器的作用是(   )。
   A.电压放大   B.提高分辨率
   C.提高测量的准确性和稳定性   D.降低稳性

10.用数字频率计测量频率为 300 MHz,幅度为 100 mV 的信号时,下列做法正确的是
   (   )。
   A.选择 B 通道   B.衰减开关置于"×20"位置
   C.闸门时间置于 0.01 s   D.低通滤波器置于开的位置

11.用频率计测量幅度为 400 mV、频率为 30 Hz 信号的周期时,应(   )。
   A.将信号输入 A 通道,按下"PERA"键,低通滤波器置于"开"位置,衰减开关置于
      "×20"位置
   B.将信号输入 B 通道,按下"PERA"键,低通滤波器置于"开"位置,衰减开关置于
      "×20"位置
   C.将信号输入 A 通道,按下"TOTO"键,低通滤波器置于"开"位置,衰减开关置于
      "×20"位置
   D.将信号输入 A 通道,按下"PERA"键,低通滤波器开关和衰减开关均不按下

12.频率计可以用来测试信号的(　　)。(2014年高考真题)

　　A.最大值　　　　B.周期　　　　　　C.功率　　　　　　　D.有效值

13.用 NCF-1000C-1 型数字频率计对"2.3 kHz、5 V"的脉冲信号进行频率检测,则数字频率计上的衰减按键和低通滤波器按键应分别置于。(　　　)(2019年高考真题)

　　A."×1"和"关"　　　　　　　　　B."×1"和"开"

　　C."×20"和"关"　　　　　　　　D."×20"和"开"

三、判断题

1.扫频仪的通频带可以大于也可以小于被测电路的通频带。　　　　　　　　(　　)

2.扫频仪的扫频信号是一种频率和幅度均可变化的信号。　　　　　　　　　(　　)

3.扫频仪的点频是指此种模式下,输出的信号是一个频率不变的正弦信号。　(　　)

4.扫频仪的中心频率调节只有才全扫模式下才有意义。　　　　　　　　　　(　　)

5.频谱仪的 AZ530-H 型高阻探头,本身有 20 dB 的衰减,因此在使用时应在读数上加 20 dB。　　　　　　　　　　　　　　　　　　　　　　　　　　　　　　　(　　)

6.NFC-1000 C 的 A 通道允许输入信号的幅度比 B 通道更小。　　　　　　(　　)

7.NFC-1000 C 的 B 通道输入信号的频率不能低于 100 MHz。　　　　　　(　　)

8.在用数字频率计测量 10 kHz 的正弦信号时,溢出指示灯点亮表明测量完成,可以进行正确读数。　　　　　　　　　　　　　　　　　　　　　　　　　　　　　　(　　)

9.使用频率计测量低于 100 kHz 信号时,应按下衰减开关提高频率的测量精度。(2015年高考真题)　　　　　　　　　　　　　　　　　　　　　　　　　(　　)

10.使用频率计测量 100 Hz 方波信号时,低通滤波器应处于"关"的位置。(2016年高考真题)　　　　　　　　　　　　　　　　　　　　　　　　　　　　　　(　　)

11.数字频率计除用于测量信号频率外,还可用于测量周期和计数。(2017年高考真题)　　　　　　　　　　　　　　　　　　　　　　　　　　　　　　　　(　　)

12.使用 NFC-1000C-1A 型多功能频率计的计数功能时,应在功能键中选择"TOTA"键。(2017年高考真题)　　　　　　　　　　　　　　　　　　　　　　　(　　)

四、简答题

1.简述使用数字频率计测量频率为 4.5 kHz,幅度为 5 V 的正弦波信号的频率和周期的步骤。

2.简述零频标的确认方法。

3.简述如何根据被电路的情况,正确选择扫频仪的探头的方法。

五、作图题

作出频谱分析仪的主要组成框图。

自我检测题

一、填空题

1.扫频仪上显示的曲线,其横坐标表示_____,纵坐标表示_____。

2.扫频仪的频标是指落在扫频线或曲线上的某点所对应的_____,频标有_____和_____,通常采用_____形频标。

3.扫频信号是一种专门用来检测电路_____的信号,在其频率范围内按一定规律不断变化,是一种受控的频率可变的正弦信号。

4.BT-3C 型扫频仪的扫频工作方式分为_____、_____和_____3 种。

5.扫频仪的点频模式是指,此时输出的信号是一个_____频率的正弦信号。

6.任何一个非正弦波信号均可由若干_____信号合成,在这若干个频率的信号中,与这个非正弦信号频率相同的信号称为_____。

7.模拟频谱仪按对信号的处理方式可分为:_____频谱仪、_____频谱仪和_____频谱仪。其中安泰 AT5010B 型频谱仪属于_____。

8.分贝是_____的一种电量单位。

9.AT5010B 型频谱仪本身的输入阻抗为_____Ω。

10.NFC-1 000 C 多功能计数器的工作状态有_____、_____、_____和 TOTA,当输入信号的频率高于 100 MHz 时应选择_____。

11.频率计的闸门时间越长则_____越高,对于信号频率较低时,应将闸门时间选得较_____。

二、选择题

1.BT-3C 型扫频仪的窄扫模式,其扫频宽度的可调范围是(　　　)。

  A.1~300 MHz　　　　　　　　　　　　B.1~150 MHz

  C.1~40 MHz　　　　　　　　　　　　　D.20 MHz

2.关于扫频仪 0 dB 的校准,下列说法错误的是(　　　)。

  A.先将输出衰减通过粗细调按键调到 0 dB 处

  B.y 轴衰减置为×1

  C.将两个探头短接

  D.调节 y 轴增益,使用扫描基线与扫频信号线之间的距离为 10 个整格

3.在测量基本放大电路的幅频特性时,应选择的输入输出探极分别是(　　　)。

  A.输入电缆、输出匹配头

  B.输入电缆、输出开路头

  C.输入检波头、输出匹配头

  D.输入检波头、输出开路头

4.AT 5010B 型频谱仪的 4 个衰减按键,当按下 2 个按键时,表明此时的输入信号将衰减(　　　)。

  A.10 dB　　　　　　　　　　　　　　　B.20 dB

  C.30 dB　　　　　　　　　　　　　　　D.40 dB

5.在使用 NFC-1000C 测量频率时,当发现溢出指示灯点亮,以下操作正确的是(　　　)。

  A.按下衰减开关　　　　　　　　　　　B.按下低通滤波开关

  C.按下 PERA 键　　　　　　　　　　　D.调小闸门时间

三、判断题

1.在使用扫频仪时,当被测量电路的输入电阻为 100 kΩ 时,应选择输出探极为输出匹配头。   (   )

2.在使用扫频仪时,当被测量电路自身具有检波功能时,应选择输入探极为开路头。

(   )

3.在测量基本放大电路的幅频特性时,应调节扫频仪的输出衰减,以保证经放大器放大后的输出信号不因幅度过大而产生失真。   (   )

4.扫频仪的 0 dB 校准后,"Y 增益"旋钮不能随便调节,否则会影响频率点的识读。

(   )

5.使用外接频标时,应要求外接信号的幅度大于 100 mV。   (   )

6.扫频仪 y 轴的极性调节,此键按下,y 轴方向的图像将颠倒。   (   )

7.频谱分析仪、扫频仪和示波器都是频域测量仪器。   (   )

8.NFC-1000C 测量信号的峰峰值为 0.5 V 时,应将衰减开关按下。   (   )

9.NFC-1000C 的衰减按键按下时,输入信号的幅度将被衰减 1/20。   (   )

10.按下 TOTA 键可以对 B 通道输入的信号进行计数。   (   )

11.频率计用于测量信号幅度大于 300 mV 时,衰减开关应置于×20 位置。 (   )

12.要使用频率计的计数功能时,应按下功能键中的 TOTA 键。   (   )

13.使用频率计测量频率时,闸门信号选定时间越大,测量时间越长,测量精度越低。

(   )

四、简答题

1.简述 0 dB 的校准过程。

2.什么是超外差式接收机?

五、作图题

1.试将下图补充完整。

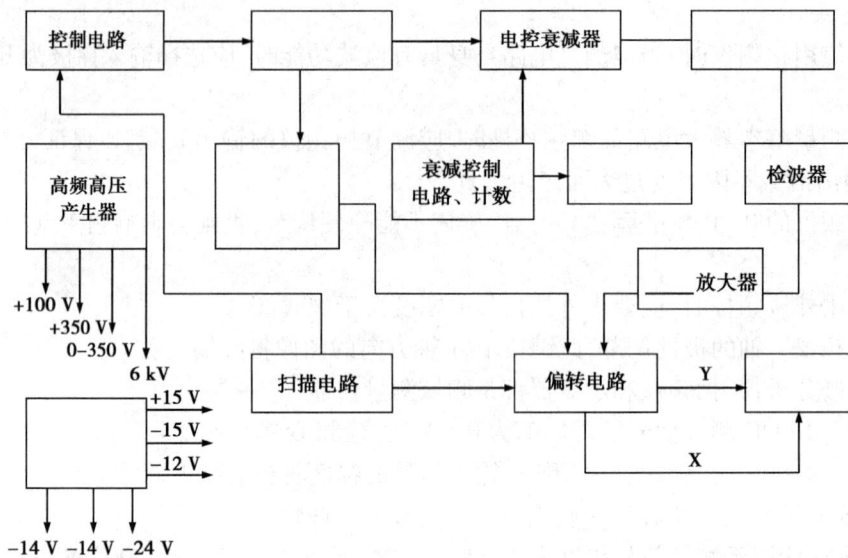

2.画出频率计的组成框图。

项目八 晶体管特性图示仪

学习目标

(1)了解晶体管特性图示仪的基本功能及用途；

(2)理解晶体管特性图示仪的基本工作原理；

(3)掌握晶体管特性图示仪测量晶体二极管、晶体三极管的方法。

知识要点

1.功能及用途

晶体管特性图示仪是利用电子扫描的原理,在示波管的荧光屏上直接显示晶体管器件特性的仪器,是一种工作于 X-Y 方式的专用示波器。

晶体管特性图示仪可直接观察晶体管的静态特性曲线及曲性簇,以及晶体管共集电极、共基板和共发射极的输入/输出特性,转换特性,β 参数及 α 参数等,并可根据需要,测量晶体管的其他各项极限特性与击穿特性参数。可迅速比较两个同类型晶体管的特性,以便挑选配对。

晶体管特性图示仪还可以测定二极管、稳压管、可控硅、隧道二极管、场效应管及光电耦合器的特性,用途广泛。

2.组成及原理

晶体管特性图示仪主要由集电极扫描电压发生器、基极阶梯信号发生器、同步脉冲发生器、X 放大器和 Y 放大器、示波器及控制电路、电源电路等部分组成,晶体管特性图示仪的原理框图如下图所示。

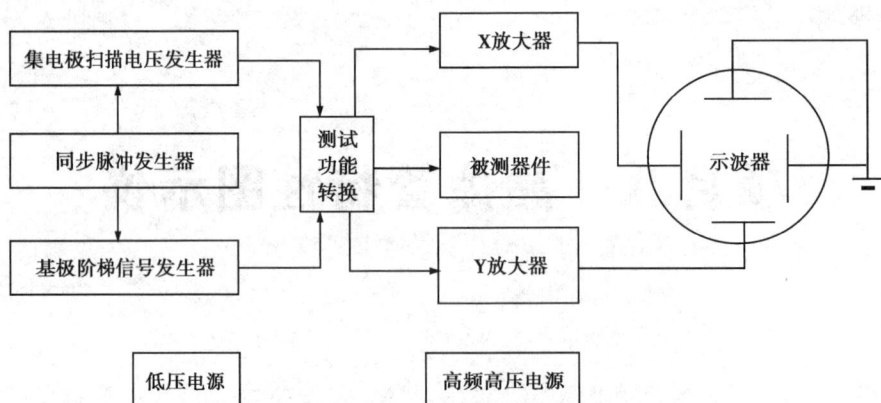

集电极扫描电压发生器用于供给所需的集电极扫描电压;基极阶梯信号发生器为被测晶体管提供偏置电压;示波器用于显示晶体管特性曲线,其他附属电路的作用是为了测试晶体管参数,实现电路的转换。

3.使用注意事项

为保证仪器的合理使用,既不损坏被测晶体管,也不损坏仪器内部线路,在使用仪器应注意下列事项。

(1)使用前

①对被测管的主要直流参数应有一个大概的了解和估计,特别要了解被测管的集电极最大允许耗散功率 P_{cm}、最大允许电流 I_{cm} 和击穿电压 V_{EBO}、V_{CBO}。

②对被测管进行必要的估算,以选择合适的阶梯电流或阶梯电压,一般宜先小一点,再根据需要逐步加大。测试时不应超过被测管的集电极最大允许功耗。

③一般情况下,应先将峰值电压调至零,更改扫描电压范围时,也应先将峰值电压调至零。选择一定的功耗电阻,测试反向特性时,功耗电阻要选大一些;同时将 X、Y 偏转开关置于合适挡位。测试时扫描电压应从零逐步调节到需要值。

④在进行 I_{cm} 的测试时,一般采用单簇为宜,以免损坏被测管。

⑤在进行 I_c 或 I_{cm} 的测试中,应根据集电极电压的实际情况选择,不应超过仪器规定的最大电流。

(2)使用中

①峰值电压范围由低电压挡向高电压挡转换时,应先将峰值电压逆时针旋转至零,待换挡后,再慢慢调高。

②注意阶梯信号选择、功耗限制电阻、峰值电压范围旋钮的使用,以免损坏被测晶体管。

③测试大功率晶体管和极限参数、过载参数时,应采用单簇阶梯信号,以防过载损坏被测器件。

④测试 MOS 型场效应管时,不要使栅极悬空,以免感应电压过高引起被测管击穿。

(3)使用后

仪器使用完毕,将仪器复位至初始状态,放置在通风的地方,避免过冷和过热;注意防尘、防湿。

4.基本操作步骤

①连接好仪器电源线后,开机预热 15 min 才可进行测试。

②调节辉度、聚焦、辅助聚焦旋钮,使辉点或线条清晰。

③将峰值电压旋钮调至零,峰值电压范围、极性、功耗电阻等开关置于测试所需位置。

④按照待测三极管的测试条件要求,结合仪器面板的相关旋钮、按键,设定好相关测试条件。

⑤把待测晶体管对应极性插到测试夹具上的端口,缓慢地增大峰值电压,荧光屏上即有曲线显示。

⑥读取并分析测试值。

⑦测试完毕后关闭仪器电源。

5.晶体管的测试

教材中介绍了晶体管特性图示仪测试晶体二极管和晶体三极管的步骤及方法,这里不再重复叙述。同学们在操作时,特别要注意以下问题。

①将待测晶体管插入测试端口时,一定要对应极性,以免损坏元件性能,如下图所示。

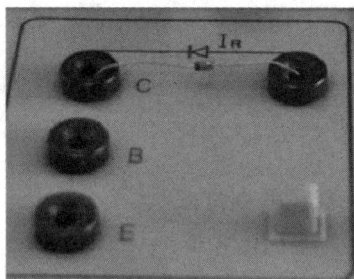
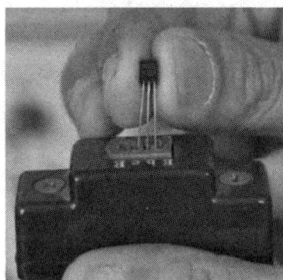

(a)测试二极管   (b)测试三极管

②在进行 MOS 管耐压测试时,测试端口会有高压输出,不得用人体的任何部分接触测试端口及被测元件的引脚,以防被电。

③要时常保持仪器和测试夹具清洁,以减小或消除因测试端口内灰尘过多产生的测试误差。

解题示例

例 用晶体管特性图示仪测试某晶体三极管时,"电流/度"旋钮设定的值是10 mA,"电流—电压/级"旋钮设定的值是 1 mA,波形图如下图所示,请计算该晶体三极管的放大倍数 β 。

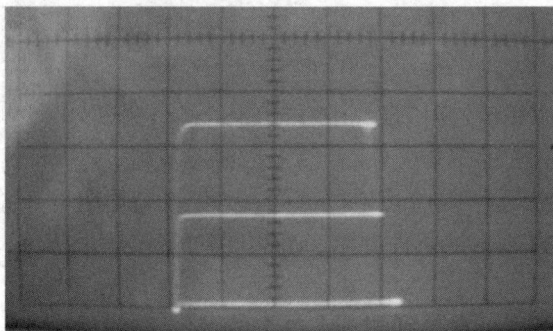

分析：因为三极管的放大倍数 $\beta = I_C/I_B$，所以必须要读出 I_C 值和 I_B 值后才能计算出放大倍数，而仪器面板上的"电流／度"旋钮所设定的就是 I_C 每格的值，"电流—电压／级"旋钮设定的就是 I_B 每级的值。I_C 值是看图形的纵坐标格数来读取的，I_B 值则是看波形的级数来读取的。

在计算中一定要注意单位换算。

解：从图波形可看出，波形所占据的纵坐标格数是 3.4 格，波形的级数是 2 级，因此放大倍数计算如下：

$$\beta = I_C/I_B = (10\ mA/div \times 3.4/div) \div (1\ mA/级 \times 2\ 级) = 34\ mA \div 2\ mA = 17$$

课堂练习题

一、填空题

1.晶体管特性图示仪是一种测量_____的专用仪器。

2.晶体管特性图示仪的组成有集电极扫描电压发生器、_____、同步脉冲发生器、_____放大器、_____示波器及_____、电源电路组成。

3.晶体管特性图示仪中的串联电阻是在"电压—电流/级"旋钮处于_____挡时，该功能才起作用。

4.晶体管特性图示仪容性平衡调节的作用是_____。

5.晶体管特性图示仪的测试控制器中"零电流"按钮按下时，被测三极管的_____极将处于开路状态。

6.晶体管图示仪的阶梯波信号是加给被测三极管的_____极。

7.晶体管图示仪计算三极管的电流放大倍数的公式是_____。

8.ZJ 2811C 型数字电桥的测试频率有_____、_____、_____3 种。

9.用 ZJ 2811C 型数字电桥测试电感线圈时，参数显示灯_____点亮。

10.ZJ 2811C 型数字电桥的"主参数显示"显示的内容是_____、_____、_____。

二、选择题

1.晶体管特性图示仪不能实现的功能是(　　　)。

A.直接测量晶体管的特性曲线

B.测试晶体管的极限参数

C.可以比较两只晶体管的特性是否一致

D.可以测量晶体三极管的电压放大倍数

2.下列不属于 CA4810 型晶体管特性图示仪中的串联电阻的阻值的是(　　　)。

　　A.1 kΩ　　　　　　B.10 kΩ　　　　　　C.100 kΩ　　　　　　D.1 MΩ

3.能测试二极管的伏安特性曲线的仪器是(　　　)。

　　A.示波器　　　　B.晶体管图示仪　　C.频谱分析仪　　　　D.扫频仪

4.下列选项中不属于晶体管图示仪的组成部分的是(　　　)。

　　A.集电极扫描电压发生器　　　　　　B.阶梯信号发生器

　　C.X 放大器　　　　　　　　　　　　D.检波器

5.万用电桥的使用,说法错误的是(　　　)。

　　A.仪器开机后应预热 10 min

　　B.要手动选择被对象的类型(电阻、电感、电容)

　　C.自动选择被对象的类型(电阻、电感、电容)

　　D.应根据被测元件的阻抗高低选择等效串联或并联

三、判断题

1.晶体管特性图示仪可以测量三极管的极限参数,但测量完成后会损坏三极管。

(　　　)

2.集电极扫描电压发生器输出的正弦半波电压,幅值可调,用于形成水平扫描线。

(　　　)

3.阶梯波基极电流与集电极扫描电压均是由工频交流电得到。　　　　(　　　)

4.阶梯波基极电流是向被测三极管提供幅度可变的基极电流。　　　　(　　　)

5.万能电桥的锁定键按下,此时仪器将自动选择量程。　　　　　　　(　　　)

6.当测试电容或电感的值较小时,应采用低频率进行测量,以提高测量精度。(　　　)

四、简答题

1.简述晶体管图示仪的功能。

2.简述用数字电桥精确测量电阻的方法。

自我检测题

一、填空题

1.晶体管特性图示仪所测量的曲线,其横坐标表示_____,纵坐标表示_____。

2.调节"级/簇"旋钮,可以调节阶梯信号的级数,能在_____间任意选择。

3.CA4810 型晶体管特性图示仪 y 轴"电流/度"开关有 4 种选择分别是_____、_____、_____和外接。

4.CA4810 型晶体管特性图示仪的峰值电压有 4 种电压值,分别是_____ V、_____ V、_____ V 和 500 V。

5.在测量 MOS 管时,_____不能悬空,否则容易击穿被测 MOS 管。

6.阶梯信号控制中的"单簇"按钮按下时,屏幕只能显示_____簇特性曲线,可以用来准确测试半导体器件的_____参数。

7.晶体管特性图示仪的图像不清晰,可以调节_____旋钮和_____旋钮。

8.晶体管特性图示仪阶梯信号的极性开关,在测量 NPN 型晶体管时应处于_____状态,在测量 PNP 型晶体管时应处于_____状态。

9.晶体管特性图示仪的集电极电源调节分为_____调和_____调,其中按键调节属于是_____,旋钮调节属于_____。

10.晶体管特性图示仪中的功耗限制电阻是_____联在被测晶体管的_____回路,用于限制其功耗,也可作为集电极_____电阻。

11.电桥是用于_____测量电阻或其他模拟量的一种有效方法,把可同时测量 L、C、R 的电桥称为_____电桥。

12.ZJ 2811C 型数字电桥的"副参数显示"显示的内容是_____和_____。

13.ZJ 2811C 型数字电桥的测量速度有_____、_____、_____。

二、选择题

1.集电极扫描电压发生器输出的是(   )。
  A.正弦波   B.三角波   C.正弦半波   D.三角波半波

2.下列不属于晶体管特性图示仪的组成部分的是(   )。
  A.集电极扫描电压发生器   B.X 和 Y 放大器
  C.电源电路   D.闸门电路

3.用晶体管图示仪测试三极管 9012 的输出特性,下列说法错误的是(   )。

A.峰值电压设为 5 V　　　　　B.X 轴集电极电压 U_{CE} 设为 1 V/div

C.Y 轴集电极电流设 1 mA/div　　D.极性开关设为"+"

4.万能电桥不能完成的元件测试是(　　)。

A.电感 L　　　B.电容　　　　C.二极管　　　　D.电阻

5.万能电桥的不能测量的参数是(　　)

A.交流电阻 R　　　　　　　B.电感 L 及其品质因数 Q

C.电容 C 及其损耗角 D　　　　D.电流放大倍数

三、判断题

1.晶体管特性图示仪每次只能对一只晶体管进行测试。　　　　　　　　(　　)

2.晶体管特性图示仪阶梯信号的极性可以随意改变,与测试器件无关。　(　　)

3.当 y 轴位移旋钮顺时针旋动,光迹将向下运动。　　　　　　　　　　(　　)

4.晶体管特性图示仪集电极电源的峰值电压越高,其输出电流也越大。　(　　)

5.晶体管特性图示仪测试晶体管时,其集电极电源的峰值电压可以直接换挡。

(　　)

6.晶体管特性图示仪的集电极电源和阶梯信号部分的极性开关位置应一致。(　　)

7.测试二极管的伏安特性时,不需要晶体管图示仪的阶梯波信号。　　　(　　)

8.测量 NPN 型晶体管的输出特性时,应将极性设为"+"。　　　　　　　(　　)

9.当被测电容带电时,应放电后在用万能电桥进行测试。　　　　　　　(　　)

10.测量电阻为 47 kΩ 时,万能电桥的等效选择应选为并联。　　　　　(　　)

四、简答题

1.简述基极阶梯信号调零的方法。

2.简述数字万能电桥清零的分类和作用。

3.简述数字万能电桥如何选择等效串联和等效并联。

五、作图题

1.作出数字电桥的电路原理图。

2.作出测量晶体管输出特性等效电路。

项目九　自动测量技术

学习目标

(1)了解智能仪器、虚拟仪器的概念;

(2)了解智能仪器、虚拟仪器的组成与特点;

(3)了解智能仪器、虚拟仪器的工作原理。

知识要点

1.智能仪器

(1)智能仪器的概念

智能仪器是指将人工智能的理论、方法和技术应用于仪器,使其具有类似于人的智能特性或功能的仪器。

(2)智能仪器的功能特点

智能仪器借助于传感器和变送器采集信息,具有硬件软件化的优势,具有人机对话、记忆信息、自动处理数据、自检、自诊断、自测试、自校准(校准零点、增益等)、自补偿、自适应外界变化和对外接口等功能。

(3)智能仪器的组成

● 智能仪器的硬件组成

智能仪器的组成结构类似于典型的计算机结构,主要包括:数据采集与调理单元、微处理器单元、输入输出接口单元、键盘输入单元、通信单元等,如下图所示。

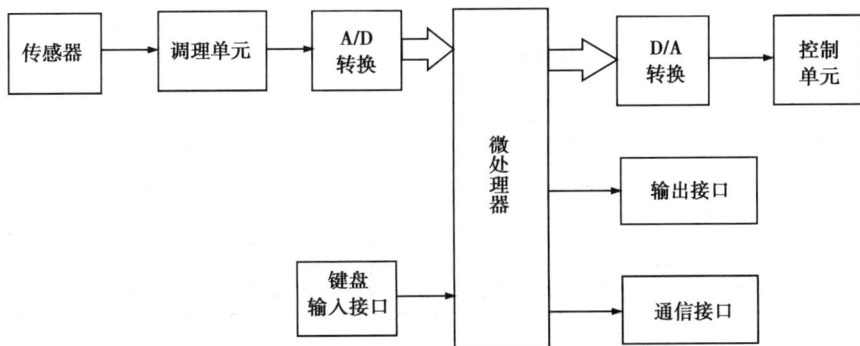

● 智能仪器的软件内容

智能仪器的软件包括系统软件、应用软件和书面文件。

① 系统软件是微机系统的语言加工程序和管理程序等。

② 应用软件是指解决用户实际问题的程序,包括测试程序、数据处理程序、键盘判别程序和显示程序等。

③ 书面文件是帮助用户使用仪器的文件,包括软件总框图、程序清单、使用说明能及修改方法等。

(4)智能仪器的工作原理

传感器拾取被测参量的信息并转换成电信号,经滤波去除干扰后送入多路模拟开关;由单片机逐路选通模拟开关将各输入通道的信号逐一送入程控增益放大器,放大后的信号经 A/D 转换器转换成相应的脉冲信号后送入单片机中;单片机根据仪器所设定的初值进行相应的数据运算和处理(如非线性校正等);运算的结果被转换为相应的数据进行显示和打印;同时单片机把运算结果与存储于芯片内的设定参数进行运算比较后,根据运算结果和控制要求,输出相应的控制信号。

2.虚拟仪器

(1)虚拟仪器的概念

虚拟仪器是基于计算机的仪器,即以通用的计算机硬件及操作系统为依托,实现各种仪器功能,可通过鼠标和键盘交互式操作完成相应的测试任务。

(2)虚拟仪器的特点

① 尽可能采用了通用的硬件,各种仪器的差异主要是软件。

② 可充分发挥计算机的能力,有强大的数据处理功能,可以创造出功能更强的仪器。

③ 用户可以根据自己的需要定义和制造各种仪器。

传统仪器与虚拟仪器的比较见下表。

序号	比较项目	传统仪器	虚拟仪器
1	仪器定义	仪器厂商	用户
2	中心环节	硬件是关键	软件是关键
3	功能设定	仪器的功能、规模均已固定	系统功能和规模可通过软件修改和增减
4	开放性	封闭的系统,与其他设备连接受限	基于计算机的开放系统,可方便地同外设、网络及其他设备连接
5	性能/价格比	价格昂贵	价格低,可重复使用
6	技术更新	慢(5~10 年)	快(1~2 年)
7	开发维护费用	开发维护费用高	软件结构可大大节省开发和维护费用
8	应用情况	多为实验室拥有	个人可以拥有一个实验室

（3）虚拟仪器的组成

虚拟仪器由硬件和软件两部分组成。硬件是虚拟仪器的基础,软件是虚拟仪器的核心。

虚拟仪器的硬件主体是计算机,计算机及其配置的电子测量仪器硬件模块组成了虚拟仪器测试硬件平台的基础。

虚拟仪器的软件包括操作系统、仪器驱动器和应用软件3个层次。

硬件是虚拟仪器的基础,软件是虚拟仪器的核心。

（4）虚拟仪器的种类

按总线接口方式不同,虚拟仪器可分为以下几种类型:

①插卡式(DAQ)虚拟仪器。

②并行口式虚拟仪器。

③串行式(RS232/422)虚拟仪器。

④USB接口虚拟仪器。

⑤IEEE1394虚拟仪器。

⑥GPIB总线方式的虚拟仪器。

⑦VXI总线方式虚拟仪器。

⑧PXI总线方式虚拟仪器。

（5）仿真软件 Multisim 14

Multisim 是美国国家仪器(NI)有限公司推出的以 Windows 为基础的仿真工具,适用于板级的模拟/数字电路板的设计工作。它包含了电路原理图的图形输入、电路硬件描述语言输入方式,具有丰富的仿真分析能力。

Multisim 14 提供了很多虚拟仪器,如数字万用表、函数信号发生器、瓦特表、双踪示波器、四踪示波器、波特图仪、频率计数器、字信号发生器、逻辑分析仪、逻辑转换器、IV 分析仪、失真分析仪、频谱分析仪、网络分析仪、安捷伦函数信号发生器、安捷伦数字万用表、安捷伦示波器、泰克示波器、测量探针、LabVIEW 测试仪和电流探针等。这些仪器的设置、使用和数据读取和现实中的仪表一样,它们的外观也和我们在实验室所见到的仪器相同,可以用它们来测量仿真电路的性能参数。

解题示例

例　什么叫虚拟仪器?虚拟仪器相对于传统仪器有优势在哪里?

答:虚拟仪器是基于计算机的仪器,简单说就是用户自定义的基于 PC 的测试和测量解决方案,以实现各种仪器的功能。

相对于传统仪器,虚拟仪器有 4 大优势:性能高,扩展性强,开发时间少,并且具有出色的集成功能。

课堂练习题

一、填空题

1.智能仪器具有对测量数据进行_____接口输出及自动化操作等功能。

2.人们习惯将内含微型计算机和的仪器称为智能仪器。

3.智能仪器主要由_____两大部分组成。_____是智能仪器的核心，_____是智能仪器的灵魂。

4.虚拟仪器是以计算机为核心硬件平台，配备信号采集、控制等接口模块，由用户设计、定义虚拟面板，用软件编程来实现测试功能，通过_____交互式操作完成相应测试任务的计算机仪器系统。

5.Multisim 14 虚拟仪表的工具栏从左到右依次是_____、函数信号发生器、瓦特表、双踪示波器、四踪示波器、波特图仪、频率计数器、字信号发生器、逻辑分析仪、逻辑转换器、IV 分析仪、失真分析仪、频谱分析仪、网络分析仪、安捷伦函数信号发生器、安捷伦数字万用表、安捷伦示波器、泰克示波器、测量探针、LabVIEW 测试仪和_____。

二、选择题

1.虚拟仪器一般不具有的功能特点是(　　)。

　A.人机对的功能　　　　　　　　B.自检、自诊断和自测试的功能

　C.信息处理与发射的功能　　　　D.记忆信息的功能

2.如下图所示工具模板中，(　　)字母对应于探针工具。

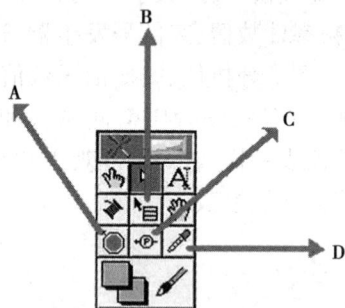

　A.B　　　　　　B.D　　　　　　C.A　　　　　　D.C

3.在智能仪器中，模拟输入通道的抗干扰技术包括(　　)。

　A.对差模干扰的抑制　　　　B.对共模干扰的抑制

　C.采用软件方法提高抗干扰能力　D.以上 3 种方法都包括

4.智能仪器的自检是为了实现(　　)功能 。

　A.排除仪器故障　　　　　　B.减小零点漂移

　C.故障的检测与诊断　　　　D.减小仪器的测量误差

三、判断题

1.智能仪器的开机自检是为了减小仪器的测量误差。　　　　　　　（　　）

2.智能温度测量仪中使用软件进行非线性校正,主要是为了校正传感器输出特性的非线性。　　　　　　　　　　　　　　　　　　　　　　　　　（　　）

3.虚拟数字万用表的外观与实际仪表基本相同,其连接方法与现实万用表完全一样,都是通过"+""-"两个端子来连接仪表。　　　　　　　　　　　　（　　）

4.虚拟双踪示波器可以通过显示波形来测量信号的频率、幅度、周期、亮度等参数。
　　　　　　　　　　　　　　　　　　　　　　　　　　　　　　（　　）

四、综合题

1.试用虚拟示波器 A、B 通道同时测量某一正弦信号,扫描(时基)方式分别为 Y/T、A/B,观察显示波形的差异,思考其原因。

2.按总线接口方式不同,虚拟仪器可分为哪些类型?

综合练习

练习一

总分:100分　　　　　　考试时间:90分钟

一、填空题(每空2分,共20分)

1.频率、时间、_____、相位、阻抗等是基本参量,其他的为派生参量,基本参量的测量是派生参量测量的基础。_____测量是最基本、最重要的测量内容。

2.被测量的测量结果量值含义有两方面,即_____和用于比较的_____名称。

3.测得一只 10 kΩ 电阻的测量值为 10.2 kΩ,测量的示值相对误差为_____。

4.使用示波器的双踪测试功能时,其垂直工作方式应设置为_____。

5.低频信号发生器主要由_____、主振输出电位调节器、_____、输出衰减器、功率放大器、阻抗变换器和指示电压表组成。

6.对以下数据进行舍入处理,要求小数点后只保留 2 位。

32.4850 = _____ ;200.4 850 000 010 = _____。

二、选择题(每小题2分,共20分)

1.用示波器李沙育图形法测频率,在 X-Y 显示方式时,如果 x 轴和 y 轴分别加上正弦波信号,若显示的图形为一个向左倾斜的椭圆,则 f_y/f_x(即 y 轴信号频率与 x 轴信号频率之比)为(　　　)。

A.2:1　　　　　B.1:1　　　　　C.3:2　　　　　D.2:3

2.将 XD-22A 型低频信号发生器的"输出衰减"旋钮置于 60 dB 时,调节"输出细调"旋钮使指示电压表的读数为 5 V,则实际输出电压为(　　　)。

A.5 mV　　　　　B.50 mV　　　　　C.5 V　　　　　D.500 mV

3.用示波器测量直流电压。在测量时,示波器的 y 轴偏转因数开关置于 0.5 V/div,被测信号经衰减 10 倍的探头接入,屏幕上的光迹向上偏移 5 格,则被测电压为(　　　)。

A.25 V　　　　　B.15 V　　　　　C.10 V　　　　　D.2.5 V

4.要测量一个 10 V 左右的电压,手头有两块电压表,其中一块量程为 150 V,1.5 级,另一块为 15 V,2.5 级,应选用(　　　)进行测量。

A.两块都一样　　　　　　　　　　B.150 V,1.5 级

C.15 V,2.5 级　　　　　　　　　　D.无法进行选择

5.下列测量中,属于电子测量的是(　　　　)。

  A.用天平测量物体的质量　　　　　　　　B.用水银温度计测量温度

  C.用数字温度计测量温度　　　　　　　　D.用游标卡尺测量圆柱体的直径

6.下列测量中,属于间接测量的是(　　　　)。

  A.用万用欧姆挡测量电阻　　　　　　　　B.用电压表测量已知电阻上消耗的功率

  C.用逻辑笔测量信号的逻辑状态　　　　　D.用电子计数器测量信号周期

7.用逻辑笔测量信号的逻辑状态属于(　　　　)。

  A.时域测量　　　　　B.频域测量　　　　　C.组合测量　　　　　D.数据域测量

8.高频信号发生器的工作频率一般为(　　　　)。

  A.1 Hz～1 MHz　　　　　　　　　　　　B.0.001 Hz～1 kHz

  C.200 kHz～300 MHz　　　　　　　　　D.300 MHz 以上

9.小明在某次使用万用表测量电阻过程中,为了读数方便,将万用表如下图方式放置产生的误差属于(　　　　)。

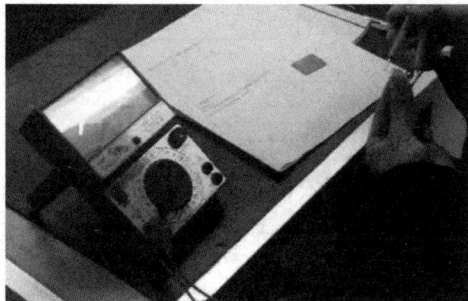

  A.使用方法误差　　　　B.系统误差　　　　C.人身误差　　　　D.随机误差

10.使用数字万用表测量 220 mA 的直流电流时,需将万用表的红表笔插入(　　　　)。

  A.200 mA 插孔　　　　B.20 A 插孔　　　　C.COM 插孔　　　　D.VΩHZ 插孔

三、判断题(每小题2分,共20分)

1.指针式万用表的表头主要由表针、磁路系统和偏转系统组成。　　　　　　　　(　　)

2.指针式万用表表头是一只内阻较大、灵敏度较高的磁电式交流电流表。　　　　(　　)

3.用数字万用表测量直流电流时,如果在数值左边出现"-",则表明万用表表笔接反了,必须交换表笔重新测量。　　　　　　　　　　　　　　　　　　　　　　　　　　(　　)

4.双踪示波器处于双踪显示工作方式时,在电子开关的作用下两个信号在荧光屏上交替显示。　　　　　　　　　　　　　　　　　　　　　　　　　　　　　　　　　　　(　　)

5.AUTO 键能自动设置仪器各项控制值,以产生适宜观测的波形。　　　　　　　(　　)

6.某指针万用表表盘上印有⌒2.5,⌒5.0,2 kΩ/V,9 kΩ/V 等字样,则该表的交流电压挡准确度等级比直流电压挡准确度等级高。　　　　　　　　　　　　　　　　　　(　　)

7.用指针万用表测量某直流电压时,指针左偏偏出刻度线,应断开表笔,更换大量程后再测试。　　　　　　　　　　　　　　　　　　　　　　　　　　　　　　　　　　　(　　)

8.用数字万用表交流电流挡,测交流电压,只会造成读数不准。　　　　　（　　）

9.误用数字万用表的交流电流挡,测直流电流时,显示屏将显示"000"或低位上的数字出现跳动。　　　　　　　　　　　　　　　　　　　　　　（　　）

10.模拟示波器测试频率较高的信号时,其触发耦合应设置为"AC"。　　（　　）

四、综合题(共 40 分)

1.为测量功能选择最佳测量仪器,将仪器序号填在测量功能后的空白处。(16 分)

测量功能列

A.测量电压_____

B.测量频率_____

C.测量网络的幅频特性_____

D.产生三角波信号_____

E.分析信号的频谱特性_____

F.测量三极管的输入或输出特性_____

G.测量调幅波的调幅系数_____

H.微机系统软、硬件调试_____

测量仪器列

①函数信号发生器

②电子计数器

③DVM

④频谱分仪

⑤晶体管特性图示仪

⑥频率特性测试仪

⑦逻辑分析仪

⑧电子示波器

2.用量程是 10 mA 的电流表测量实际值为 9 mA 的电流,若读数是 9.2 mA,试求测量的绝对误差 ΔI、实际相对误差 γ_A、示值相对误差 γ_y 和引用相对误差 γ_m 分别为多少? 若已知该表准确度等级 S 为 1.5 级,则该表是否合格? (15 分)

3.用模拟示波器测得某交流信号的波形如下图所示,垂直衰减挡位 2 V/div,探头的衰减开关拨至×10,水平扫描时间挡位 10 μs/div,同时按下扩展×5 键,求被测电压的峰峰值、有效值、周期、频率。(9 分)

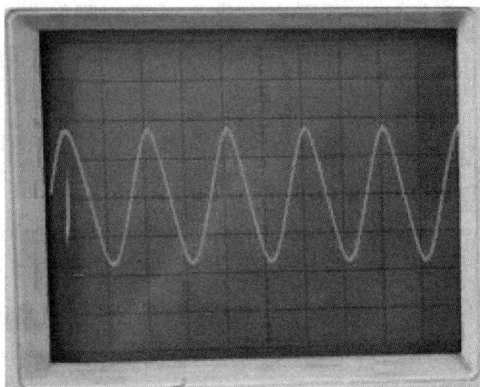

练习二

总分:100 分   考试时间:90 分钟

一、填空题(每小题 4 分,共 40 分)

1.电子测量的内容包括 _____、_____、_____、_____和 _____5 个方面。

2.相对误差定义为 _____与 _____的比值,通常用百分数表示。

3.电子测量按测量的方法分类为 _____、_____和 _____3 种。

4.为保证在测量 80 V 电压时,误差 $|r_A| \leqslant \pm 1\%$,应选用等于或优于 _____级的 100 V 量程的电压表。

5.用四位半的 DVM 测量 15 V 的稳压电源电压为 15.125 V,取 4 位有效数字时,其值为 _____。

6.电子示波器的心脏是阴极射线示波管,它主要由 _____、_____和 _____3 部分组成。

7.示波器的"聚焦"旋钮具有调节示波器中 _____极与 _____极之间电压的作用。

8.没有信号输入时,仍有水平扫描线,这时示波器工作在 _____状态,若工作在 _____状态,则无信号输入时就没有扫描线。

9.电压表的基本组成形式为 _____式。

10.数字电压表的最大计数容量为 19 999,通常称该表为 _____位数字电压表;若其最小量程为 0.2V,则其分辨率为 _____。

二、单项选择题(每小题 2 分,共 14 分)

1.交流电压表都按照正弦波电压的(   )进行定度的。

  A.峰值   B.峰峰值

  C.有效值   D.平均值

2.调节示波器中 Y 输出差分放大器输入端的直流电位即可调节示波器的(   )。

  A.偏转灵敏度   B.Y 轴位移

  C.倍率   D.X 轴位移

3.数字万用表"蜂鸣器/二极管"挡位不可用来测量(   )。

  A.二极管的通断   B.二极管的极性

  C.三极管的电极   D.三极管的 β 值

4.不属于指针万用表电阻挡内部电路组成的是(　　　)。

    A.干电池　　　　　　B.调零电位器　　　　　C.分压电阻　　　　　D.分流电阻

5.用 MF47 型万用表测某电压,指针位置如下图所示,则该电压为(　　　)。

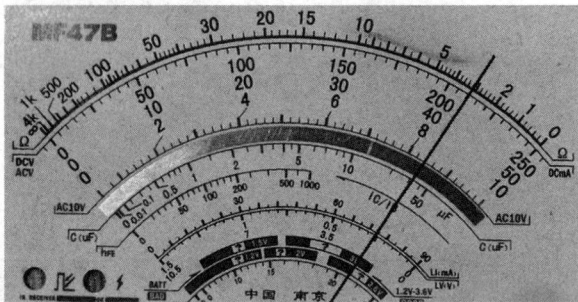

    A.直流 220 V　　　　　　　　　　　　B.直流 820 V

    C.直流 2.1 V　　　　　　　　　　　　D.直流 410 V

6.某同学用数字万用测量电路中的直流电流,示数如右图所示,该同学测得的电流为(　　　)。

    A.129 A　　　　　　　B.12.9 mA

    C.0.129 mA　　　　　D.129 mA

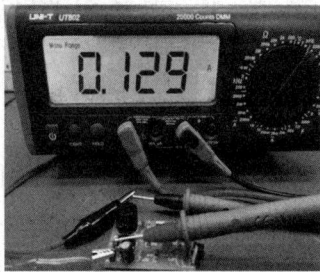

7.频率计可以测量信号的(　　　)。

    A.电压　　　　　　　B.周期

    C.功率　　　　　　　D.电流

三、判断题(每小题 2 分,共 20 分)

1.双踪示波器中电子开关的转换频率远大于被测信号的频率时,双踪显示工作在"交替"方式。　　　　　　　　　　　　　　　　　　　　　　　　　　　　　(　　)

2.示波器扫描信号频率是被测信号频率的整数倍时,屏幕上显示的波形向左跑动。
　　　　　　　　　　　　　　　　　　　　　　　　　　　　　　　　　(　　)

3.常用电工仪表分为 ±0.1、±0.2、±0.5、±1.0、±1.5、±2.5、±4.0 七级。　　(　　)

4.扫描发生器是示波器垂直通道中的重要组成部分。　　　　　　　　　　(　　)

5.延迟线是示波器水平通道中的一个重要组成部分。　　　　　　　　　　(　　)

6.函数信号发生器可以输出正弦波、三角波、锯齿波和方波信号。　　　　(　　)

7.用数字示波器测量信号,当探头的衰减开关拨到"X10"时,表示该探头对被测信号放大 10 倍。　　　　　　　　　　　　　　　　　　　　　　　　　　　　　　(　　)

8.NFC-1000C-1 型频率计的微处理器核心是单片机。　　　　　　　　　　(　　)

9.使用 CA1640 函数信号发生器输出频率为 50 Hz,峰峰值为 100 mV 的三角波,需要用到频率计和示波器。　　　　　　　　　　　　　　　　　　　　　　　　　(　　)

10.NFC-1000C-1 型频率计闸门预选时间越长越好。　　　　　　　　　　(　　)

四、计算题(共 26 分)

1. 用量程是 100 mA 的电流表测量实际值为 80 mA 的电流,若读数是 81.5 mA,试求测量的绝对误差、示值相对误差和引用相对误差。(6 分)

2. 已和示波器的灵敏度微调处于"校正"位置,灵敏度开关置于 5 V/div,信号波形峰峰值之间的高度为 6 格。(10 分)

(1)求被测量信号电压的峰峰值。

(2)如果输入端加上一个 10∶1 的示波器探头,垂直偏转灵敏度是 1 V/div,求被测信号的电压峰峰值在屏幕上占几格。

3. 计数器输入 50 MHz、0.5 V 的信号,要检测其周期应该如何操作?(10 分)

练习三

总分:100 分 　　　　　　　　考试时间:90 分钟

一、填空题(每小题 2 分,共 18 分)

1.素养的目的是提升"_____",培养对任何工作都讲究认真的人。

2.信号分析仪器指_____、_____等的仪器。

3.数字万用表用在测量的过程中,显示屏上若出现"－1",则表明挡位选择_____。

4.指针式万用表测量时,选择挡位的原则是_____。

5.若需调节电子束的强度来控制波形的亮度,则应该将辉度调节旋钮_____时针调节来增加亮度。

6.测量误差是_____与被测量的真值之间的偏差。

7.通用电子计数器测频时,计数脉冲来自_____。

8.电子测量是以_____为手段的测量。

9.扫频仪的主要组成部分包括_____、_____、_____、电源电路及配有检波器的同轴电缆等组成。

二、选择题(每小题 2 分,共 24 分)

1.下列不属于测量内容的是(　　　)。

A.电信号特性的测量　　　　　　　　B.特性曲线的显示

C.器件序号的鉴别　　　　　　　　　D.元器件参数的测量

2.甲、乙两同学使用欧姆挡测同一个电阻时,他们都把选择开关旋到"×100"挡,并能正确操作。他们发现指针偏角太小,于是甲就把开关旋到"×1 k"挡,乙把选择开关旋到"×10"挡,乙重新调零,而甲没有重新调零,则以下说法正确的是(　　　)。

A.甲选挡错误,而操作正确　　　　　　B.乙选挡正确,而操作错误

C.甲选挡错误,操作也错误　　　　　　D.乙选挡错误,而操作正确

3.用欧姆表测一个电阻 R 的阻值,选择旋钮置于"×10"挡,测量时指针指在 100 与 200 刻度的正中间,可以确定(　　　)。

A.$R=150\ \Omega$　　　　　　　　　　B.$R=1\ 500\ \Omega$

C.$1\ 000\ \Omega<R<1\ 500\ \Omega$　　　　　D.$1\ 500\ \Omega<R<2\ 000\ \Omega$

4.频谱分析图的水平轴代表(　　　)。

　　A.时间　　　　　　　B.电压　　　　　　　C.频率　　　　　　　D.功率

5.用 $P = U^2/R$ 求得"220 V、40 W"电灯泡电阻为 1 210 Ω,用多用电表欧姆挡测得其电阻只有 90 Ω,下列说法中正确的是(　　　)。

　　A.两个电阻值相差悬殊是不正常的,一定是测量时读错了数

　　B.两个阻值不同是正常的,因为欧姆表测电阻的误差大

　　C.两个阻值相差悬殊是不正常的,可能是出厂时把灯泡的功率写错了

　　D.两个阻值相差悬殊是正常的,1 210 Ω 是正常工作状态(温度很高)的电阻值, 90 Ω 是常温下的阻值

6.高频信号发生器的工作频率一般为(　　　)。

　　A.1 Hz~1 MHz　　　　　　　　　　　B.0.001 Hz~1 kHz

　　C.200 kHz~300 MHz　　　　　　　　D.300 MHz 以上

7.在示波器垂直通道中,设置电子开关的目的是(　　　)。

　　A.实现双踪显示　　　　　　　　　　B.实现双时基扫描

　　C.实现触发扫描　　　　　　　　　　D.实现同步

8.当示波器的扫描速度为 1 ms/div 时,荧光屏上水平方向长度为 10 div,正好完整显示一个周期的被测信号。如果被测信号频率不变,要求显示被测信号的 5 个完整周期,扫描速度应为(　　　)。

　　A.0.5 ms/div　　　　　　　　　　　B.1 ms/div

　　C.5 ms/div　　　　　　　　　　　　D.10 ms/div

9.低频信号发生器的主振级多采用(　　　)。

　　A.三点式振荡器　　　　　　　　　　B.RC 文氏电桥振荡器

　　C.电感反馈式单管振荡器　　　　　　D.三角波振荡器

10.低频信号发生器进行频率选择时,正确的方法是(　　　)。

　　A.先将频率选择开关置于所需频率的倍乘挡,然后调节频率指针,使指针对准所需频率

　　B.先调节频率指针,使指针对准所需频率,然后将频率选择开关置于所需频率的倍乘挡

　　C.在测量过程中根据输出信号的频率进行调节

　　D.按下电源开关,调节选择适当参数

11.数字示波器测量某正弦信号,垂直衰减系数显示为 50 mV/div,测得波形最高点到最低点为 4 div,则该信号的峰值为(　　　)。

　　A.70.7 mV　　　　　　　　　　　　B.100 mV

　　C.141.4 mV　　　　　　　　　　　　D.200 mV

12.数字示波器面板上的"VOLTS/DIV"旋钮的功能是(　　　)。

　　A.改变垂直方向坐标值　　　　　　　B.改变水平方向坐标值

　　C.垂直移动波形　　　　　　　　　　D.水平移动波形

三、判断题(每小题 2 分,共 26 分)

1.在写带有单位的量值时,准确的写法是 780 kΩ±1 kΩ。　　　　　(　　)

2.20×10^2 是 4 位有效数字。　　　　　(　　)

3.当被测量的电压是 8 V 时,量程应选择 10 V 挡测量误差才最小。　(　　)

4.数字式万用表中黑表笔是接内部电池的负极红表笔接正极。　　(　　)

5.波器分析信号的幅度和时间的关系称时域分析,频谱分析仪是分析信号幅度与频率的关系称频域分析。　　　　　(　　)

6.频谱分析仪的灵敏度高,最低能测量 2.24 μV 的信号。　　　　(　　)

7.安泰 AT5010 型频谱分析仪的输入阻抗为 50 Ω。　　　　　(　　)

8.双踪示波器在测量信号较低频率时,双踪显示工作在"交替"方式。　(　　)

9.用示波器测量电压时,只要测出 Y 轴方向波形距离并读出偏转灵敏度值即可。
　　　　　(　　)

10.数字存储示波器只能用于测量数字信号。　　　　　(　　)

11.数字示波器的"输入耦合"选择"直流"时,被测信号必须是直流信号。　(　　)

12.为保证安全与测量准确,测量电容前需对电容进行放电处理。　　(　　)

13.数字示波器上的校准信号可用来校准被测信号。　　　　　(　　)

四、计算题(共 12 分)

1.(7 分)用量程是 20 mA 的电流表测量实际值为 18 mA 的电流,若读数是 18.15 mA,试求测量的绝对误差、示值相对误差和引用相对误差。

2.(5 分)已知示波器的时基因数为 10 ms/div,偏转灵敏度为 1 V/div,扫速扩展为 10,探极的衰减系数为 10∶1。求:

(1)如果荧光屏水平方向一周期正弦波形的距离为 12 格,它的周期是多少?

(2)如果正弦波的峰峰间的距离为 6 格,其电压为何值?

五、问答题（共 20 分）

1.简述通用示波器 Y 通道的主要组成部分。（5 分）

2.晶体管特性图示仪主要由哪几个部分组成？各部分作用如何？（10 分）

3.频率特性的测量有哪些方法？各有何特点？（5 分）

练习四

总分:100 分　　　　　　　考试时间:90 分钟

一、填空题(每空 2 分,共 40 分)

1.测量误差就是测量结果与被测量_____的差别,通常可以分为_____和_____两种。

2.多次测量中随机误差具有_____性、_____性和_____性。

3.$4\frac{1}{2}$ 位 DVM 测量某仪器两组电源读数分别为 5.825 V、15.736 V,保留 3 位有效数字分别应为_____、_____。

4.示波器 Y 轴前置放大器的输出信号一方面引至触发电路,作为_____信号;另一方面经过_____引至输出放大器。

5.频标一般有:_____和_____两种形状。

6.扫频仪按扫频的频率范围分为:_____、_____、低频扫频仪。

7.示波器 X 轴放大器可能用来放大_____信号,也可能用来放大_____信号。

8.测量频率时,通用计数器采用的闸门时间越_____,测量准确度越高。

9.通用计数器测量周期时,被测信号周期越大,_____个字误差对测周精确度的影响越小。

10.所有电压测量仪器都有一个_____问题,对 DVM 尤为重要。

11.当观测两个频率较低的信号时,为避免闪烁可采用双踪显示的_____方式。

二、改错题(每小题 3 分,共 15 分。要求在错误处的下方画线,并将正确答案写出)

1.示波器电子枪中调节 A_2 电位的旋钮称为"聚焦"旋钮。

2.阴极输出器探头既可起到低电容探头的作用,同时引入了衰减。

3.扫频振荡器产生的是频率不变幅值变化的信号。

4.函数信号发生器产生信号的方法是:先产生方波,再由变换电路产生正玄波和三角波。

5.在用万用表测量220 V交流电中,可以随意拨动挡位。

三、单项选择题(每小题2分,共16分)

1.根据测量误差的性质和特点,可以将其分为(　　)3大类。

　A.绝对误差、相对误差、引用误差

　B.固有误差、工作误差、影响误差

　C.系统误差、随机误差、粗大误差

　D.稳定误差、基本误差、附加误差

2.用通用示波器观测正弦波形,已知示波器良好,测试电路正常,但在荧光屏上却出现了如右图所示下波形,应调整示波器(　　)旋钮或开关才能正常观测。

　A.偏转灵敏度粗调

　B.y轴位移

　C.x轴位移

　D.扫描速度粗调

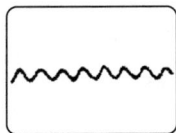

3.通用计数器测量周期时由石英振荡器引起的主要是(　　)误差。

　A.随机　　　　　　　　　　　　B.量化

　C.变值系统　　　　　　　　　　D.引用

4.用NFC-1000C-1多功能计数器测量信号频率时,若信号由B端输入,应该按下(　　)。

　A.TOTA按键　　　　　　　　　B.FA按键

　C.FB按键　　　　　　　　　　 D.PERA按键

5.对串联调整型稳压电源描述,错误的是(　　)。

　A.调整管的管压降可调　　　　　B.输入电压变化范围宽

　C.输出电压交流成分少　　　　　D.工作时自身消耗电能多

6.要给功放电路输入一个频率为850 Hz,峰峰值15 mV的正弦波,则对CA1640函数信号发生器的设置错误的是(　　)。

　A.输出信号选择为"正弦波"　　　B.粗调频段选择"×1 K"

　C.电压输出衰减置于"40 dB"　　 D.占空比旋钮置于"关"位置

7.重庆电台文艺广播的发射频率是103.5 MHz,若用NFC-1000C-1型频率计测该信号,所用到的功能是(　　)。

　A.A通道测频　　　　　　　　　B.B通道测频

　C.A通道测量周期　　　　　　　D.A通道计数

8.用数字万用表判断三极管是硅管还是锗管,应该用的挡位是(　　)。

　A.200 Ω电阻挡　　　　　　　　B.2 kΩ电阻挡

　C.hfe挡　　　　　　　　　　　D.二极管/蜂鸣挡

四、分析计算题(共 29 分)

1.(10 分)已知示波器偏转灵敏度 $D_y = 0.2$ V/cm,荧光屏有效宽度 10 cm。

(1)若扫描速度为 0.05 ms/cm(放"校正"位置),所观察的波形如下图所示,求被测信号的峰峰值及频率。

(2)若想在屏上显示 10 个周期该信号的波形,扫描速度应取多大?

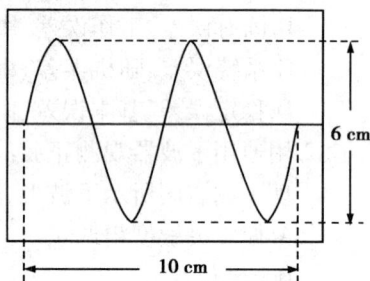

2.(10 分)简述 NCF-1000C-1 型频率计"周期测量"的步骤。

3.(9 分)用 0.2 级 100 mA 的电流表和 2.5 级 100 mA 的电流表串联测量电流,前者示值为 90 mA,后者示值为 89 mA。

(1)如果把前者作为标准表校验后者,问被校表的绝对误差是多少? 应当引入修正值是多少? 测得值的实际相对误差为百分之几?

(2)如果认为上述结果是最大绝对误差,则被校表的准确度应定为几级?

练习五

总分:100 分　　　　　　　　考试时间:90 分钟

一、填空题(每空 2 分,共 44 分)

1.根据测量的性质和特点,可将测量误差分为_____、_____、_____。

2.信号发生器又称_____,其用途主要有:_____、_____、_____。

3._____是示波器观察电信号波形的关键器件,主要由:_____、_____和_____组成。

4.示波器是是一种_____、_____用图像来显示的综合性电信号测量仪器;频谱分析仪是可同时测量多种(理论上是无数个)信号的_____及_____的仪器。y 轴表示_____,x 轴表示_____。

5.在对扫频仪的输出功率检查时,扫频仪输出衰减器置于_____dB。

6.1999 属于_____位数字万用表,在 10 V 量程上的超量程能力为_____,在 0.2 V 量程上的超量程能力为_____。

7.33.65 保留 3 位有效数字为_____。

二、选择题(每小题 2 分,共 12 分)

1.双踪示波器显示方式有几种方式,其中( )方式可能产生相位误差,若要修正相位误差则应将显示方式调节到( )方式;若被测信号频率较低,则应选择( )方式;若信号频率较高,则应选择( )方式。

　A.$Y_A \cdot Y_B$　　　　　B.$Y_A \pm Y_B$　　　　　C.交替　　　　　D.断续

2.示波测量中,触发方式选择为( )时,屏幕显示为一条亮线;触发方式选择为( )时,屏幕不显示亮线。

　A.常态触发　　　　B.固定触发　　　　C.自动触发　　　　D.其他

3.根据检波器位置的不同,形成了不同的模拟电压表结构,其中( )结构测量范围宽、测量灵敏度较低;( )结构测量范围窄、测量灵敏度较高。

　A.放大—检波式　　　　　　　　B.检波—放大式

　C.外差式　　　　　　　　　　　D.其他

4.数字万用表的核心是( )。

　A.AC/DC 转换器　　　　　　　　B.A/D 转换器

　C.D/A 转换器　　　　　　　　　D.I/V 转换器

5.用指针式万用表测量直流电压,当低量程转换至高量程时( )。

 A.与表头串联的电阻减小   B.与表头并联的电阻减小

 C.与表头串联的电阻增大   D.与表头并联的电阻增大

6.用数字万用表测量时,若显示屏上最高位显示"1",而后面位都没有显示,则表示( )。

 A.被测量的值为1   B.测试量程选大了

 C.测试量程选小了   D.万用表没电了

三、判断题(每小题 2 分,共 16 分)

1.使用数字万用表进行电阻测量时,红表笔接 COM 端接内部电池负极,黑表笔插 V·Ω 端接内部电池正极。   ( )

2.使用指针式万用表测量多个电阻时,只需选出择合适量程挡,进行一次机械调零、欧姆调零即可。   ( )

3.使用万用表测量过程中,若需更换量程挡则应先将万用表与被测电路断开,量程挡转换完毕再接入电路测量。   ( )

4.在示波测量中,若显示波形不在荧光屏有效面积内,可通过 Y 移位旋钮对被测波形幅度进行调节。   ( )

5.若要使示波器显示波形明亮清晰,可通过辉度、聚焦旋钮的调节达到要求。( )

6.用指针式万用表测量未知电压时,应先选择最高量程试测,再选择合适的量程测量。   ( )

7.某数字方用表面板上标有"10A MAX",表示被测电流值最大不能超过 10 A。   ( )

8.与开关稳压电源相比较,传统的线性稳压电源效率更高。   ( )

四、简答题(每小题 5 分,共 10 分)

1.用指针式万用表检测电容器,若电容器正常,万用表指针如何变化?若出现异常显示又分别代表什么?

2.分步说明利用数字万用表测试区别三极管引脚的方法(注意说明量程挡的选择)。

五、计算题(每小题9分,共18分)

1.分别用 A、B、C 3 只电压表测量实际值为 200 V 电压时,A 表指示值为 202 V,B 表指示值为 199 V。

(1)分别求出 A、B 两表测量的绝对误差、相对误差是多少?

(2)已知 C 表在 220 V 量程上的修正值为 0.5 V,则 C 表指示值应为多少?

2.已知示波管的偏转因数为 0.5 V/div,荧光屏有效宽度为 8 div,扫描时间因数为 0.2 ms/div,探头选择×10 衰减,被测信号为正弦波,荧光屏上显示波形高度为 6 div,两个周期被测信号波形在 X 方向上占 10 div。

(1)求被测信号周期 T,频率 f 分别是多少 ?

(2)求被测信号振幅 U_m,有效值 U ?

参考文献

[1]谭定轩,杨鸿.电子测量技术与仪器[M].重庆:重庆大学出版社,2013.

[2]辜小兵,沈文琴,杨清德.电子测量仪器[M].北京:科学出版社,2012.

[3]韩雪涛.常用仪器仪表使用与维护[M].北京:人民邮电出版社,2010.

[4]杨清德,林安全.全国高职院校电类专业招生考试辅导教程[M].北京:电子工业
    出版社,2014.